Paramanandham Jothi
Malini Subramanian
Ronald Ross Pankirias

Livro de texto de mirmecologia

Paramanandham Jothi
Malini Subramanian
Ronald Ross Pankirias

Livro de texto de mirmecologia

Estudo das formigas

ScienciaScripts

Cover image: www.ingimage.com

This book is a translation from the original published under ISBN 978-620-8-11832-7.

Publisher:
Sciencia Scripts
is a trademark of
Dodo Books Indian Ocean Ltd. and OmniScriptum S.R.L publishing group

120 High Road, East Finchley, London, N2 9ED, United Kingdom
Str. Armeneasca 28/1, office 1, Chisinau MD-2012, Republic of Moldova, Europe
Printed at: see last page
ISBN: 978-620-8-27021-6

Conteúdo

Capítulo 1: Introdução à mirmecologia

1.1 História da mirmecologia

A mirmecologia é o estudo científico das formigas, uma sub-disciplina da entomologia (o estudo dos insectos). O campo evoluiu significativamente ao longo dos séculos, expandindo-se da mera recolha e descrição de espécies de formigas para investigações profundas sobre o seu comportamento, ecologia e estruturas sociais.

História Antiga (século XVII-XIX)

- **Primeiras observações (século XVII):** O estudo das formigas remonta aos primeiros naturalistas de 1600. As formigas, devido ao seu complexo comportamento social e à sua presença generalizada, já tinham captado o interesse humano durante milénios. Filósofos como Aristóteles e Plínio, o Velho, tinham mencionado as formigas nos seus escritos, embora a investigação científica sistemática só tenha começado muito mais tarde.
- **René Antoine Ferchault de Réaumur (1734):** Um dos primeiros estudos exaustivos sobre formigas foi efectuado pelo cientista francês Réaumur no século XVIII. As suas observações centraram-se no comportamento e na organização social das formigas.

- **Thomas Belt (década de 1860):** No século XIX, o naturalista britânico Thomas Belt forneceu descrições pormenorizadas do comportamento das formigas, incluindo as suas relações mutualistas com plantas e outros insectos, em particular as formigas que cultivavam fungos ou "cuidavam" de pulgões.

O surgimento da mirmecologia (final do século XIX e início do século XX)

- **August Forel (1838-1931):** Um mirmecologista suíço, Forel é frequentemente considerado um dos pais fundadores da mirmecologia moderna. A sua obra de 5 volumes *Les Fourmis de la Suisse* (As Formigas da Suíça) foi um marco na área. Forel estudou extensivamente o comportamento e a organização social das formigas, e a sua investigação lançou as bases para futuros estudos sobre a comunicação das formigas, incluindo a sinalização química.
- **William Morton Wheeler (1865-1937):** Outra figura central da mirmecologia, Wheeler, um entomologista americano, contribuiu significativamente para a compreensão das sociedades de formigas. Explorou o comportamento social das formigas, os sistemas de castas e as relações mutualistas com outras espécies. A sua publicação de 1910, *Ants: Their Structure, Development and Behavior*, foi fundamental para o estabelecimento da mirmecologia como um domínio científico.

Avanços na comunicação com formigas (século XX)

- **Karl von Frisch (1886-1982):** Embora seja conhecido principalmente pelo seu trabalho com abelhas, a investigação de von Frisch sobre a comunicação entre insectos, incluindo formigas, destacou as formas complexas como as formigas comunicam utilizando feromonas.

- **Edward O. Wilson (n. 1929):** Talvez o mais famoso mirmecologista da era moderna, o trabalho de Wilson em meados e finais do século XX transformou a nossa compreensão das formigas. A sua investigação pioneira sobre a comunicação das formigas, em particular as feromonas e o comportamento social, valeu-lhe o reconhecimento mundial. Wilson foi coautor de *The Ants* (1990) com Bert Hölldobler, um livro abrangente e influente que ganhou o Prémio Pulitzer. Wilson também contribuiu significativamente para o domínio da sociobiologia, muito do qual se baseou no seu trabalho com formigas.

Mirmecologia moderna (final do século XX até à atualidade)

- **Genética e Biologia Evolutiva:** Os avanços na genética permitiram aos cientistas estudar a história evolutiva das formigas com maior pormenor. A investigação moderna investiga como evoluíram as sociedades de formigas, como as rainhas e as operárias se diferenciam geneticamente e como as formigas mantêm níveis tão elevados de cooperação. Isto estendeu-se ao campo da biologia evolutiva, com as formigas a servirem de organismos modelo para compreender a seleção de parentesco e o altruísmo.
- **Estudos Ecológicos e Ambientais:** A mirmecologia expandiu-se para além do laboratório, com extensos estudos de campo centrados no papel das formigas nos ecossistemas. As formigas são consideradas espécies-chave em muitos habitats, particularmente em ecossistemas tropicais e desérticos. As suas actividades afectam significativamente a composição do solo, o crescimento das plantas e o ciclo de nutrientes.

- **Mirmecologia aplicada:** Nas últimas décadas, a mirmecologia tem encontrado aplicações na gestão de pragas, na agricultura e até na robótica. O comportamento das colónias de formigas inspirou algoritmos para a resolução de problemas em ciências informáticas e engenharia.

Contribuições fundamentais para a ciência:

1. **Comportamento social e cooperação:** As formigas são organismos modelo para o estudo das estruturas sociais, da cooperação e da divisão do trabalho em biologia. O estudo das suas colónias permitiu compreender a evolução da socialidade.
2. **Comunicação química:** Os mirmecologistas têm sido fundamentais na compreensão da comunicação feromonal, não só nas formigas mas também noutras espécies, influenciando estudos em bioquímica, neurobiologia e ciências do comportamento.

3. **Biodiversidade e Ecologia:** As formigas têm sido parte integrante da investigação sobre biodiversidade, contribuindo para uma compreensão mais alargada da biologia da conservação e da saúde dos ecossistemas.

Conclusão

A mirmecologia percorreu um longo caminho desde a sua fase descritiva inicial até se tornar um campo de estudo altamente especializado e respeitado. Continua a contribuir para a nossa compreensão da biologia, desde o comportamento de sociedades complexas até à dinâmica dos ecossistemas e à teoria da evolução.

1.2 Principais investigadores dos estudos sobre as formigas

Ao longo da história, vários investigadores importantes deram contributos significativos para o estudo das formigas (mirmecologia). Eis algumas das figuras mais influentes na investigação sobre as formigas:

1. Auguste Forel (1838-1931)

- **Nacionalidade**: suíça
- **Principais contributos**:

  - Uma das figuras fundadoras da mirmecologia.
  - Publicou *Les Fourmis de la Suisse* (As Formigas da Suíça), uma obra monumental sobre as formigas do seu país natal.
  - Investigou o comportamento social, a classificação e a comunicação das formigas.
  - O seu trabalho foi fundamental para estudar a forma como as formigas utilizam os sinais químicos para comunicar.

2. William Morton Wheeler (1865-1937)

- **Nacionalidade**: Americana
- **Principais** contributos:

  - Considerado um gigante no domínio da investigação sobre as formigas.
  - Autor de *Ants: Their Structure, Development and Behavior* (1910), uma obra seminal que se debruçou sobre a morfologia, o comportamento e a organização social das formigas.
  - Estudou a evolução do comportamento social e dos sistemas de castas nas colónias de formigas.
  - Conhecido pelo seu trabalho sobre a simbiose entre formigas e outros organismos.

3. Edward O. Wilson (n. 1929)

- **Nacionalidade**: Americana
- **Principais contributos**:
    - Muitas vezes referido como o "pai da sociobiologia" e uma figura pioneira nos estudos modernos sobre as formigas.
    - A sua investigação centrou-se na comunicação entre formigas, em particular na utilização de feromonas para coordenar as actividades da colónia.
    - Coautor de *The Ants* (1990) com Bert Hölldobler, um livro abrangente que ganhou o Prémio Pulitzer e se tornou uma pedra angular da investigação sobre formigas.
    - Desenvolveu a teoria da biogeografia insular e estudou a seleção de parentesco, utilizando as formigas como organismos modelo.
    - Uma figura central na biologia da conservação, enfatizando o papel das formigas na função do ecossistema.

4. Bert Hölldobler (n. 1936)

- **Nacionalidade**: alemã
- **Principais contributos**:
    - Colaborou com Edward O. Wilson em várias obras importantes, incluindo *The Ants* e *Journey to the Ants*.
    - Realizou uma extensa investigação sobre a ecologia comportamental e a evolução das formigas, com especial incidência nos seus complexos sistemas de comunicação.
    - Conhecido pelos seus estudos sobre a estrutura social, a competição e a territorialidade nas colónias de formigas.

5. Karl von Frisch (1886-1982)

- **Nacionalidade**: austríaca

- **Principais contributos**:
  - Embora principalmente conhecido pelo seu trabalho com as abelhas, von Frisch também deu importantes contributos para a compreensão da comunicação entre os insectos.
  - A sua investigação sobre a navegação das formigas e a sinalização química contribuiu para uma compreensão mais ampla da forma como as formigas utilizam as feromonas para localizar alimentos e comunicar dentro das colónias.

6. Thomas Belt (1832-1878)

- **Nacionalidade**: Britânica
- **Principais contributos**:
  - Um dos primeiros naturalistas a descrever as complexas relações mutualistas que as formigas mantêm com as plantas e outros insectos.
  - Descreveu os mutualismos "formiga-planta", nomeadamente a proteção que as formigas oferecem às plantas em troca de alimento e abrigo.
  - O seu trabalho ajudou a lançar as bases para estudos ecológicos das relações entre formigas e plantas.

7. Horace Donisthorpe (1870-1951)

- **Nacionalidade**: Britânica
- **Principais contributos**:
  - Colecionador e classificador prolífico de formigas, Donisthorpe nomeou e descreveu numerosas espécies.
  - As suas extensas colecções de formigas estão alojadas em grandes instituições como o Museu Britânico.
  - Centrou-se na taxonomia e na história natural das formigas britânicas, ajudando a estabelecer uma base sólida para a taxonomia das formigas.

8. Barry Bolton

- **Nacionalidade**: Britânica
- **Principais contributos**:

- Uma figura importante na taxonomia e classificação das formigas.
- Publicou várias obras críticas sobre taxonomia de formigas, incluindo *A New General Catalogue of the Ants of the World* (1995), um catálogo exaustivo das espécies de formigas.

- Conhecido pela sua classificação rigorosa e pormenorizada das espécies de formigas, que contribuiu significativamente para o avanço da taxonomia moderna das formigas.

9. Mark W. Moffett (n. 1958)

- **Nacionalidade**: Americana
- **Principais contributos**:
  - Conhecido pela sua investigação no terreno e pelo seu trabalho de divulgação da mirmecologia através de livros e fotografias interessantes.

  - Autor de *Adventures Among Ants: A Global Safari with a Cast of Trillions* (2010), que destaca a diversidade e a complexidade das sociedades de formigas em todo o mundo.
  - O seu trabalho tornou o comportamento das formigas e a organização social mais acessíveis ao público em geral.

10. Corrie Moreau

- **Nacionalidade**: Americana
- **Principais contributos**:
  - Centra-se na história evolutiva e na biodiversidade das formigas.

  - Utiliza ferramentas genéticas e moleculares para compreender as relações filogenéticas entre as espécies de formigas e a forma como estas se adaptaram a diferentes ambientes.
  - Investigação pioneira sobre as relações simbióticas entre as formigas e as bactérias que vivem no seu interior.

11. Deborah M. Gordon

- **Nacionalidade**: Americana

- **Principais contributos**:

    - Conhecida pela sua investigação sobre o comportamento e a organização das colónias de formigas.
    - Especialista em compreender como as formigas individuais contribuem para o comportamento coletivo da colónia, especialmente em sistemas descentralizados onde não existe uma liderança central.
    - O seu trabalho tem implicações para a compreensão da dinâmica dos sistemas auto-organizados.

12. R.A. Fisher (1890-1962)

- **Nacionalidade**: Britânica
- **Principais contributos**:

    - Embora principalmente conhecido pelo seu trabalho em estatística e biologia evolutiva, o trabalho de Fisher sobre seleção de parentesco e seleção natural forneceu importantes quadros teóricos para o estudo das formigas.
    - As suas ideias sobre a forma como o altruísmo evolui em organismos altamente sociais, como as formigas, foram influentes no estudo dos insectos sociais.

13. Nigel R. Franks

- **Nacionalidade**: Britânica
- **Principais contributos**:
    - Conhecido pelos seus estudos sobre as formigas do exército e a tomada de decisões colectivas nas colónias de formigas.
    - Investiga os algoritmos que as formigas utilizam para a coordenação e o seu comportamento auto-organizado, contribuindo tanto para a biologia como para áreas como a robótica.

14. Tetsuro Matsuzawa

- **Nacionalidade**: Japonesa
- **Principais contributos**:

  - Estudou o comportamento das formigas e as suas capacidades cognitivas, centrando-se especialmente nos paralelos entre o comportamento das formigas e o dos seres humanos.
  - A sua abordagem interdisciplinar à mirmecologia traz conhecimentos da psicologia e da primatologia para o estudo das formigas.

Conclusão

Estes investigadores deram contributos cruciais para a nossa compreensão das formigas, desde os seus complexos sistemas de comunicação e comportamentos sociais até à sua história evolutiva e papéis ecológicos. A mirmecologia, enriquecida pelo trabalho destas figuras-chave, continua a fornecer conhecimentos profundos sobre os processos biológicos e o comportamento animal.

1.3 A evolução da investigação sobre as formigas

A evolução da investigação sobre formigas, ou mirmecologia, tem sido uma viagem de descoberta que se estende por séculos. Reflecte o desenvolvimento mais amplo da biologia e a compreensão mais profunda do comportamento animal, da ecologia e da evolução. O campo passou das primeiras observações naturalistas para uma investigação sofisticada e interdisciplinar, abrangendo a genética, a comunicação e comportamentos sociais complexos.

1. As primeiras observações naturalistas (antes do século XIX)

- **Conhecimento pré-científico**: Os primeiros conhecimentos sobre as formigas provêm de filósofos como Aristóteles (384-322 a.C.) e Plínio, o Velho (23-79 d.C.), que mencionaram as formigas nos seus escritos de história natural. As suas observações, embora perspicazes, eram sobretudo anedóticas e careciam de um estudo sistemático.
- **Primeiras descrições sistemáticas**: Nos séculos XVII e XVIII, os primeiros naturalistas começaram a documentar a vida e os hábitos das formigas. Uma figura notável é René Antoine Ferchault de Réaumur (1734), um naturalista francês que detalhou a organização social e os comportamentos das formigas, lançando as primeiras bases para a mirmecologia.

2. O surgimento do estudo sistemático (século XIX)

- **Taxonomia e Classificação**: Durante o século XIX, a investigação sobre formigas centrou-se principalmente na taxonomia - a classificação e descrição das espécies. Naturalistas como **Thomas Belt** e **Horace Donisthorpe** deram contributos significativos para a catalogação das espécies de formigas. Belt também observou as interações ecológicas entre as formigas e outros organismos, como as relações das formigas com as plantas e os afídeos.

- **Organização Social e Comportamento**: O naturalista suíço **Auguste Forel** (1838-1931) marcou uma mudança na compreensão dos complexos sistemas sociais das formigas. Ele foi um dos primeiros a estudar suas estruturas hierárquicas, sistemas de castas (rainhas, operárias, soldados) e comunicação, enfatizando sua capacidade de cooperar e funcionar como um superorganismo.

3. Ecologia comportamental e o surgimento da sociobiologia (final do século XIX e início do século XX)

- **William Morton Wheeler** (1865-1937) foi uma figura pioneira da ecologia comportamental. Os seus trabalhos, nomeadamente *Ants: Their Structure, Development and Behavior* (1910), pôs em evidência a complexidade das sociedades de formigas e as suas adaptações comportamentais.
- **Estudos de comportamento social**: A investigação de Wheeler sobre a divisão do trabalho nas colónias de formigas e as suas relações simbióticas com outras espécies ajudou a definir as formigas como organismos modelo para o estudo do comportamento social.
- **Comunicação química**: Forel e Wheeler sugeriram a existência de comunicação química nas formigas, mas estudos pormenorizados da sinalização feromonal viriam mais tarde.

4. A revolução química (meados do século XX)

- **Descoberta das feromonas**: A investigação sobre as formigas atingiu novos patamares em meados do século XX com a descoberta da comunicação química (feromonas). Este foi um momento crucial, pois os cientistas começaram a compreender que as formigas comunicam através de pistas químicas para coordenar a procura de alimentos, a defesa e as actividades da colónia.
- **Karl von Frisch** e outros investigadores que trabalham na comunicação dos insectos alargaram estes estudos, mostrando que as formigas utilizam uma variedade de sinais químicos para tarefas complexas.
- **Sociobiologia**: Em 1975, **Edward O. Wilson** publicou *Sociobiology: The New Synthesis*, que utilizou as formigas como exemplos-chave da evolução do comportamento social. A investigação de Wilson sobre a comunicação feromonal, juntamente com os seus contributos teóricos para a seleção de parentesco e o altruísmo, ajudaram a posicionar as formigas como exemplos principais de como a cooperação pode evoluir através da seleção natural. Os seus trabalhos posteriores, incluindo o livro vencedor do Prémio Pulitzer *The Ants* (1990), em coautoria com **Bert Hölldobler**, lançaram as bases para o estudo da base evolutiva do comportamento social, tanto nos insectos como nos animais superiores.

5. Genética e biologia evolutiva (final do século XX)

- **Avanços na genética**: O desenvolvimento da biologia molecular e das ferramentas genéticas no final do século XX permitiu aos cientistas estudar a história evolutiva das formigas com um pormenor sem precedentes.

Investigadores como **Corrie Moreau** utilizaram a sequenciação genética para explorar as relações filogenéticas e as adaptações evolutivas das formigas.

- **Seleção de parentesco e altruísmo**: As formigas tornaram-se centrais para a investigação sobre a seleção de parentesco, um conceito popularizado por **W.D. Hamilton** na década de 1960. A ideia de que as estruturas sociais das formigas - em que as operárias estéreis ajudam a criar a descendência da rainha - podiam ser explicadas pela aptidão inclusiva teve implicações importantes para a teoria evolutiva.
- **Genética da rainha e do trabalhador**: Os investigadores começaram a examinar a forma como diferentes mecanismos genéticos influenciam o sistema de castas nas colónias de formigas. Os estudos revelaram como os papéis reprodutivos e não reprodutivos nas colónias de formigas são determinados por factores genéticos e ambientais.

6. Algoritmos comportamentais e tomada de decisões colectivas (finais do século XX-21)

- **Sistemas Auto-Organizáveis**: No final do século XX, investigadores como **Deborah M. Gordon** e **Nigel R. Franks** começaram a concentrar-se na forma como as formigas organizam coletivamente as suas colónias sem uma liderança central. O trabalho de Gordon mostrou que as formigas individuais seguem regras simples que, quando combinadas, permitem que as colónias executem tarefas complexas como a procura de alimentos e a defesa de forma eficiente.
- **Algoritmos de formigas**: Os processos descentralizados de tomada de decisão das formigas inspiraram os algoritmos utilizados nas ciências informáticas e na robótica. Os algoritmos de otimização de colónias de formigas, que se baseiam no comportamento de procura de alimentos das formigas, tornaram-se uma abordagem popular para resolver problemas de otimização complexos.

7. Papéis ecológicos e estudos da biodiversidade (século XXI)

- **Engenheiras de ecossistemas**: As formigas são atualmente reconhecidas como engenheiros críticos dos ecossistemas, particularmente em ambientes tropicais e desérticos. As suas actividades afectam a estrutura do solo, o ciclo de nutrientes e a dispersão de sementes. Os investigadores têm estudado extensivamente os papéis ecológicos das formigas, contribuindo para uma compreensão mais alargada da biodiversidade e da saúde dos ecossistemas.
- **Biodiversidade global de formigas**: Cientistas como **Barry Bolton** catalogaram a incrível diversidade de espécies de formigas em todo o mundo, melhorando a compreensão dos seus papéis ecológicos. Com mais de 12.000 espécies descritas, as formigas estão entre os organismos mais bem sucedidos da Terra, habitando quase todos os ambientes.

8. Myrmecologia aplicada e direcções futuras

- **Controlo de pragas e agricultura**: A investigação sobre formigas tem tido aplicações práticas na gestão de pragas e na agricultura. A compreensão da forma como as formigas se organizam e mantêm as colónias ajudou a desenvolver estratégias para controlar as formigas pragas e, ao mesmo tempo, promover espécies benéficas.

- **Tecnologia inspirada nas formigas**: O estudo do comportamento das formigas conduziu a inovações no domínio da robótica e da inteligência artificial. Os engenheiros estão cada vez mais a inspirar-se nos sistemas de forrageamento e navegação das formigas para conceber robôs autónomos e otimizar os sistemas de rede.

Principais áreas de incidência na investigação moderna sobre formigas

1. **Comunicação das formigas**: A descoberta das feromonas permitiu aprofundar a compreensão da forma como as formigas comunicam e coordenam tarefas complexas, uma área fundamental da investigação em curso.
2. **Evolução social**: As colónias de formigas são sistemas modelo para estudar a evolução do comportamento social, do altruísmo e da cooperação.
3. **Ecologia comportamental**: Os investigadores continuam a investigar a forma como as formigas interagem com os seus ambientes, incluindo o seu papel nos ecossistemas como predadores, necrófagos e parceiros simbióticos.
4. **Alterações climáticas**: Os efeitos das alterações climáticas nas populações de formigas e nos ecossistemas tornaram-se um foco moderno, com os cientistas a estudarem a forma como as formigas se adaptam às condições variáveis.

Conclusão

A evolução da investigação sobre formigas reflecte uma tendência mais ampla da biologia para uma maior complexidade e um estudo interdisciplinar. Desde as primeiras observações naturalistas até à sofisticada investigação genética e comportamental, as formigas provaram ser objectos de valor inestimável para a compreensão do comportamento social, da comunicação e da biologia evolutiva. A mirmecologia continua a alargar as fronteiras da ciência, contribuindo para domínios tão diversos como a ecologia, a robótica e a inteligência artificial.

1.4 Taxonomia das formigas

1.4.1 Classificação das formigas

As formigas pertencem à família **Formicidae**, que faz parte da ordem **Hymenoptera**, a mesma ordem que inclui as abelhas e as vespas. As formigas distinguem-se pelo seu comportamento eussocial, estruturas complexas de colónias e caraterísticas físicas distintas, como antenas em cotovelo e uma estrutura em forma de nó, conhecida como pecíolo, que forma uma cintura estreita entre o tórax e o abdómen.

A classificação das formigas baseia-se nas suas caraterísticas anatómicas, comportamentais e genéticas. Os taxonomistas utilizam tanto as caraterísticas morfológicas como os dados moleculares para classificar as formigas em vários taxa, desde a família até ao género e à espécie.

1. Hierarquia taxonómica básica

Eis o esquema geral de classificação das formigas:

Reino Unido : Animália

Filo : Arthropoda

Classe : Insectos

Encomenda : Hymenoptera

Subordinação : Apocrita

Família : Formicidae

Da família Formicidae, as formigas são classificadas em subfamílias, tribos, géneros e espécies. Segue-se um resumo das principais categorias taxonómicas da classificação das formigas.

2. Família: Formicidae

A família **Formicidae** está dividida em várias subfamílias, cada uma caracterizada por traços específicos, como a estrutura do corpo, a forma da mandíbula, o comportamento e os hábitos de nidificação. A família Formicidae engloba mais de **12.000 espécies descritas**, estimando-se que muitas outras ainda não tenham sido descobertas.

3. Subfamílias de formigas

Existem atualmente **17 subfamílias** de formigas, sendo as mais notáveis as seguintes

a. Myrmicinae

- **Caraterísticas**:
  - Myrmicinae é a subfamília mais diversificada e rica em espécies.
  - Tipicamente caracterizado por um pecíolo de dois segmentos (a cintura estreita entre o tórax e o abdómen).
  - Possuem ferrões ou acidoporos para defesa.
- **Géneros notáveis**:
  - *Solenopsis* (formigas-de-fogo)
  - *Atta* (formigas cortadeiras)
  - *Pheidole* (formigas de cabeça grande)
  - *Tetramorium* (formigas de pavimento)

b. Formicinae

- **Caraterísticas**:
  - Segunda maior subfamília, caracterizada por um único nó peciolar.
  - A maioria das espécies tem um acidóporo (pulveriza ácido fórmico em vez de picar).
- **Géneros notáveis**:
  - *Formica* (formigas da madeira, formigas construtoras de montículos)
  - *Camponotus* (formigas carpinteiras)
  - *Lasius* (formigas de jardim)
  - *Polyrhachis* (formigas espinhosas)

c. Dolichoderinae

- **Caraterísticas**:
  - Estas formigas produzem químicos defensivos mas não têm um ferrão funcional.
  - Tipicamente formigas mais pequenas com um pecíolo de um só segmento.
- **Géneros notáveis**:
  - *Linepithema* (formigas argentinas)
  - *Dolichoderus* (formigas de coco)
  - *Tapinoma* (formigas domésticas odoríferas)

d. Ponerinae

- **Caraterísticas**:
  - Subfamília primitiva, geralmente solitária ou de pequenos grupos de forrageadores.
  - Têm um ferrão mais proeminente e um pecíolo de dois segmentos.
- **Géneros notáveis**:
  - *Pachycondyla*
  - *Odontomachus* (formigas de mandíbula)
  - *Anochetus*

e. Dorylinae (Formigas do Exército)

- **Caraterísticas**:
  - Conhecidos pelo seu comportamento nómada e pelas suas enormes incursões predatórias.
  - Não constroem ninhos permanentes e formam enxames maciços.
- **Géneros notáveis**:

- *Eciton* (formigas do exército do Novo Mundo)
- *Dorylus* (formigas condutoras do Velho Mundo)

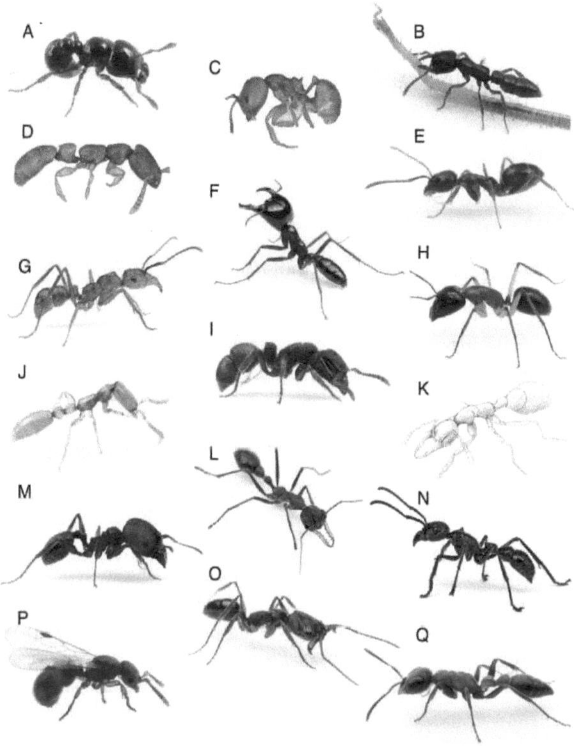

(a) Agroecomyrmecinae (b) Amblyoponinae (c) Aneuretinae (d) Apomyrminae (e) Dolichoderinae (f) Dorylinae (g) Ectatomminae (h) Formicinae (i) Heteroponerinae (j) Leptanillinae (k) Martialinae (l) Myrmeciinae (m) Myrmicinae (n) Paraponerinae (o) Ponerinae (p) Proceratiinae (q) Pseudomyrmecinae.
Todas as fotografias de Alex Wild (http://www.alexanderwild.com), exceto (a) de Micheal Branstetter, (c&d) de Antweb.org (http://www.antweb.org) e desenho de (k) de Barrett Klein.

f. Ectatomminae

- **Caraterísticas**:
  - Menos sociais do que outras subfamílias de formigas.
  - Apresentam comportamentos primitivos com colónias mais pequenas e fragmentadas.
- **Géneros notáveis**:
  - *Ectatomma*

- *Gnamptogénios*

g. Pseudomyrmecinae

- **Caraterísticas**:
  - Conhecidas pelas suas relações mutualistas com as acácias.
  - Corpo esguio e alongado, olhos grandes e ferrão bem desenvolvido.
- **Géneros notáveis**:
  - *Pseudomirmex*

h. Amblyoponinae

- **Caraterísticas**:
  - Formigas predadoras que se alimentam normalmente de outros insectos ou de pequenos animais.
  - Conhecidas por praticarem o "canibalismo não destrutivo", em que as larvas se alimentam da hemolinfa das formigas adultas sem as matar.
- **Géneros notáveis**:
  - *Amblyopone*

4. Caraterísticas taxonómicas fundamentais para a classificação

Ao classificar as formigas, os taxonomistas centram-se em caraterísticas anatómicas e comportamentais específicas, incluindo:

- **Mandíbulas**: A forma e a estrutura das mandíbulas (por exemplo, as formigas de mandíbula têm mandíbulas altamente especializadas para se fecharem rapidamente).
- **Antenas**: O número de segmentos das antenas e a sua articulação (tipicamente em cotovelo nas formigas).
- **Pecíolo**: O número de nós entre o tórax e o abdómen é uma caraterística taxonómica crucial (um ou dois nós consoante a subfamília).
- **Gaster e ferrão**: Presença ou ausência de um ferrão funcional e outros mecanismos de defesa (por exemplo, pulverização de ácido fórmico).
- **Olhos**: Tamanho e posição dos olhos, particularmente em relação aos seus papéis ecológicos (por exemplo, olhos grandes em formigas arborícolas).
- **Comportamento e Ecologia**: A estrutura social, os padrões de procura de alimentos e as relações simbióticas são utilizados para diferenciar os taxa.

5. Géneros e espécies

Dentro das subfamílias, as formigas são classificadas em géneros e depois em espécies. Alguns géneros notáveis incluem:

- **Género *Camponotus*** (formigas carpinteiras): Um género amplamente distribuído, conhecido por nidificar em madeira. São formigas grandes com corpos robustos e encontram-se frequentemente em ambientes urbanos e florestais.
- **Género *Solenopsis*** (formigas-de-fogo): Conhecidas pelo seu comportamento agressivo e picadas dolorosas. As formigas-de-fogo são invasoras em muitas regiões, particularmente a espécie *Solenopsis invicta*.
- **Género *Atta*** (formigas cortadeiras): Famosas pelos seus complexos sistemas agrícolas onde cultivam fungos cortando e transportando folhas.
- **Género *Formica*** (formigas da madeira): Conhecidas pelas suas grandes colónias e pela construção de grandes montes. Estas formigas desempenham frequentemente um papel crucial nos ecossistemas florestais.

6. Diversidade de espécies de formigas

- Existem mais de **12.000 espécies** de formigas **descritas**, mas as estimativas sugerem que poderá haver mais de 20.000 espécies no total. Continuam a ser descobertas regularmente novas espécies, especialmente nas regiões tropicais.
- As espécies de formigas variam drasticamente em tamanho, comportamento, habitat e papéis ecológicos. Algumas, como a formiga-bala (*Paraponera clavata*), são conhecidas pela sua picada incrivelmente dolorosa, enquanto outras, como a formiga-argentina (*Linepithema humile*), são notórias pelo seu comportamento invasor e domínio sobre as espécies nativas.

7. Importância da taxonomia na investigação sobre formigas

- **Estudos Ecológicos**: A compreensão da taxonomia das formigas ajuda os ecologistas a identificar os papéis que as diferentes espécies desempenham nos ecossistemas, como a sua influência no arejamento do solo, na dispersão de sementes ou como predadores de outros insectos.
- **Esforços de conservação**: Uma classificação exacta é essencial para que os conservacionistas identifiquem e protejam as espécies raras ou em perigo de extinção, especialmente porque a destruição do habitat ameaça a biodiversidade das formigas.
- **Controlo de pragas**: A taxonomia ajuda a distinguir as espécies de pragas das espécies benéficas, assegurando estratégias de gestão de pragas direcionadas, especialmente na agricultura e em ambientes urbanos.

Conclusão

A taxonomia das formigas é um domínio dinâmico e em constante evolução, que combina morfologia clássica e técnicas genéticas modernas. As formigas são altamente diversificadas, ocupando uma vasta gama de nichos ecológicos, e a sua classificação fornece informações essenciais sobre a sua biologia, comportamento e interações com o ambiente.

1.5 Distribuição global das diferentes espécies de formigas

As formigas (família **Formicidae**) são um dos grupos de insectos mais difundidos e bem sucedidos da Terra, com espécies distribuídas por quase todos os continentes e habitats, com exceção da Antárctida e de algumas ilhas remotas. A sua adaptabilidade permite-lhes prosperar em diversos ambientes, desde as florestas tropicais até aos desertos áridos. A distribuição global das espécies de formigas é influenciada por factores ecológicos como o clima, a vegetação e os recursos disponíveis, bem como pela história evolutiva das diferentes linhagens de formigas.

Aqui está uma visão geral da distribuição global das formigas, destacando as diferentes espécies e os seus habitats:

1. Regiões tropicais e subtropicais

As regiões tropicais, nomeadamente as florestas tropicais, albergam a maior diversidade de espécies de formigas. Os climas quentes e húmidos destas zonas proporcionam as condições ideais para o desenvolvimento das colónias de formigas.

América do Sul

- **Floresta Amazónica**: A Bacia Amazónica alberga algumas das populações de formigas mais diversificadas do mundo, incluindo as formigas cortadeiras (*Atta* spp.), as formigas do exército (*Eciton* spp.) e as formigas-bala (*Paraponera clavata*). Estas espécies desempenham papéis ecológicos cruciais, desde o cultivo de fungos a comportamentos predatórios.
- **Espécies-chave**:
    - *Atta* (formigas cortadeiras): Amplamente distribuídas nas florestas tropicais da América Central e do Sul.
    - *Eciton* (formigas do exército): Predadores nómadas que dominam grandes áreas florestais durante as suas incursões.

África

- **África Tropical**: As florestas e savanas africanas albergam uma grande variedade de espécies de formigas, incluindo as infames *Dorylus* (formigas condutoras), conhecidas pelos seus enormes enxames e comportamento predatório, bem como as *Pheidole* (formigas cabeçudas) e as *Crematogaster*.
- **Espécies-chave**:
    - *Dorylus* (formigas condutoras): Encontradas em toda a África subsaariana em regiões de floresta e savana.
    - *Oecophylla longinoda* (formigas tecelãs africanas): Comuns nas florestas tropicais e conhecidas pelos seus complexos ninhos arbóreos.

Sudeste Asiático e Austrália

- **Florestas tropicais do Sudeste Asiático**: Estas florestas albergam espécies únicas como as *Polyrhachis* arbóreas (formigas espinhosas) e as agressivas *Oecophylla smaragdina* (formigas tecelãs asiáticas). As florestas são ricas em diversidade de formigas devido ao clima quente e húmido da região.

- **Austrália**: A Austrália tem uma fauna de formigas rica, com muitas espécies endémicas, incluindo as infames *Myrmecia* (formigas bulldog), conhecidas pelo seu grande tamanho e poderoso ferrão.
- **Espécies-chave**:
  - *Oecophylla smaragdina* (formigas tecelãs asiáticas): Encontradas em florestas tropicais e subtropicais, da Índia à Austrália.
  - *Myrmecia* (formigas bulldog): Endémicas da Austrália, estas formigas estão entre as maiores e mais agressivas espécies de formigas.

2. Regiões temperadas

As regiões temperadas, com as suas mudanças sazonais, têm menos espécies de formigas do que as regiões tropicais, mas muitas espécies adaptaram-se bem a estes ambientes.

América do Norte

- **Estados Unidos e Canadá**: As espécies de formigas na América do Norte temperada incluem *Formica* (formigas-da-madeira) e *Camponotus* (formigas-carpinteiras), que se encontram normalmente em florestas e áreas urbanas.
- **Espécies-chave**:
  - Formigas-da-madeira (*Formica*): Encontradas em todas as florestas temperadas da América do Norte e da Europa, estas formigas são conhecidas por construírem grandes montes.
  - *Camponotus pennsylvanicus* (formigas carpinteiras pretas): Comum em áreas arborizadas, nidificam em madeira morta ou em decomposição.

Europa

- **Europa Ocidental e Central**: A fauna de formigas da Europa é dominada por espécies como *Lasius* (formigas de jardim), *Formica* e *Tetramorium*. Embora menos diversificadas do que as regiões tropicais, as formigas europeias estão adaptadas a climas temperados.
- **Espécies-chave**:
  - *Lasius niger* (formigas pretas de jardim): Comum em toda a Europa, especialmente em jardins e zonas urbanas.
  - *Formica rufa* (formigas vermelhas da madeira): Encontradas nos bosques europeus, estas formigas constroem grandes ninhos em forma de monte.

Ásia Oriental

- **China, Japão e Coreia**: A Ásia Oriental alberga espécies como *Lasius* e *Camponotus*, bem como espécies únicas como *Aphaenogaster japonica* e *Polyrhachis lamellidens*.
- **Espécies-chave**:
  - *Polyrhachis lamellidens*: Comum no Japão e conhecido pelos seus complexos ninhos arbóreos.

- *Camponotus japonicus*: Espécie de formiga preta de grandes dimensões, presente nas regiões florestais da Ásia Oriental.

3. Regiões áridas e desérticas

As formigas adaptaram-se para sobreviver em ambientes extremos como os desertos, onde têm de lidar com temperaturas elevadas e disponibilidade limitada de água. Muitas formigas do deserto são forrageadoras e navegadoras altamente especializadas.

Desertos da América do Norte

- **Sudoeste dos Estados Unidos**: Os desertos do Arizona, Novo México e sul da Califórnia são o lar de espécies como *Pogonomyrmex* (formigas colhedoras) e *Veromessor* (formigas colhedoras de sementes). Estas formigas estão adaptadas às condições quentes e secas do deserto.
- **Espécies-chave**:
    - *Pogonomyrmex* (formigas colhedoras): Conhecidas pelo seu comportamento forrageiro, encontram-se nos desertos áridos do sudoeste americano.
    - *Myrmecocystus* (formigas melíferas): Encontradas em regiões desérticas, conhecidas pela sua capacidade de armazenar alimento sob a forma de mel no interior do abdómen de operárias especializadas.

Deserto do Sara e Península Arábica

- **Desertos do Sara e da Arábia**: As formigas como as *Cataglyphis* (formigas do deserto) desenvolveram capacidades de navegação extraordinárias para procurar alimento em condições de calor extremo. Estas formigas utilizam o sol e a luz polarizada para encontrar o caminho de regresso ao ninho depois de terem procurado alimento.
- **Espécies-chave**:
    - *Cataglyphis* (formigas do deserto): Conhecidas pela sua tolerância ao calor extremo, encontram-se no Norte de África e no Médio Oriente.
    - *Ocymyrmex* (formigas do Saara): Outro género de formigas adaptadas ao calor, capazes de se alimentarem a altas temperaturas.

4. Espécies de formigas invasoras

Algumas espécies de formigas espalharam-se globalmente devido às actividades humanas, tornando-se invasoras em muitas partes do mundo. Estas formigas ultrapassam frequentemente as espécies nativas e causam danos ecológicos.

Principais espécies invasoras

- **Formigas argentinas (*Linepithema humile*)**: Nativas da América do Sul, as formigas argentinas espalharam-se por muitas partes do mundo, incluindo a América do Norte, Europa, Austrália e Ásia. Formam supercolónias e deslocam as espécies de formigas nativas.

- **Formigas-de-fogo importadas vermelhas (*Solenopsis invicta*)**: Originárias da América do Sul, estas formigas tornaram-se uma grande praga no sul dos Estados Unidos, na Austrália e em partes da Ásia. São muito agressivas e têm ferrões dolorosos.
- **Formigas loucas amarelas (*Anoplolepis gracilipes*)**: Nativas de África e da Ásia, estas formigas espalharam-se pelas ilhas dos oceanos Índico e Pacífico, onde causaram danos ecológicos significativos ao atacarem a vida selvagem nativa.

Algumas regiões albergam espécies únicas de formigas que evoluíram isoladamente, contribuindo para a biodiversidade global das formigas.

Madagáscar

- Madagáscar alberga muitas espécies endémicas de formigas, como a primitiva *Amblyopone* e várias espécies de *Pheidole*. O isolamento da ilha levou à evolução de uma fauna de formigas muito caraterística.
- **Espécies-chave**:
    - *Pheidole megacephala* (formiga-cabeça-grande): Nativa de Madagáscar, mas agora invasora em muitas partes do mundo.

Ilhas Havaianas

- As formigas não são nativas do Havai, mas várias espécies invasoras, como a formiga argentina e a formiga-de-fogo (*Wasmannia auropunctata*), foram introduzidas e estão agora disseminadas.
- **Espécies-chave**:
    - *Wasmannia auropunctata* (formiga-de-fogo-pequena): Uma espécie altamente invasiva atualmente presente no Havai, conhecida pela sua picada dolorosa.

Conclusão

As espécies de formigas estão distribuídas por todo o mundo, com a maior diversidade encontrada em regiões tropicais e espécies especializadas que habitam ambientes extremos como os desertos. Algumas espécies de formigas adaptaram-se a uma vasta gama de condições, enquanto outras permanecem localizadas em ecossistemas específicos. Espécies invasoras, como a formiga argentina e a formiga-de-fogo vermelha importada, espalharam-se por todo o mundo, muitas vezes ultrapassando as espécies nativas e alterando os ecossistemas. As formigas desempenham um papel fundamental em vários processos ecológicos, desde o arejamento do solo até à predação e à dispersão de sementes, o que as torna actores-chave nos ecossistemas de todo o mundo.

Capítulo 2: Anatomia e morfologia das formigas

2.1 Estrutura física das formigas

As formigas (família **Formicidae**) têm uma estrutura corporal distinta que lhes permite realizar tarefas complexas como a procura de alimentos, a comunicação e a construção de colónias. A sua anatomia é altamente especializada e consiste em várias partes que funcionam em conjunto para apoiar os seus papéis sociais e ecológicos.

Aqui está uma visão geral das principais caraterísticas da anatomia e morfologia das formigas:

1. Segmentos do corpo

As formigas, tal como outros insectos, têm três segmentos corporais principais:

1. **Cabeça**
2. **Tórax** (também conhecido como mesossoma nas formigas)
3. **Abdómen** (que inclui o pecíolo e o gáster)

1.1. Cabeça

A cabeça é o centro de controlo da formiga, albergando a maioria dos seus órgãos sensoriais e as peças bucais utilizadas para a alimentação e defesa.

- **Olhos**: As formigas têm normalmente dois tipos de olhos:
  - **Olhos** compostos: Constituídos por numerosas facetas pequenas, os olhos compostos permitem às formigas detetar o movimento e a luz. No entanto, a sua visão é frequentemente fraca em comparação com a de outros insectos.
  - **Ocelos (olhos simples)**: São olhos pequenos e simples localizados no topo da cabeça, tipicamente encontrados em formigas rainhas e algumas operárias. Ajudam a detetar a intensidade da luz, mas não as imagens.
- **Antenas**: As antenas são os principais órgãos sensoriais das formigas e estão dobradas no meio. As formigas utilizam as suas antenas para o tato, o olfato e a comunicação. As antenas têm dois segmentos principais:
  - **Escapo**: O longo segmento basal que liga a antena à cabeça.
  - **Funiculus**: A parte terminal multi-segmentada que é altamente sensível e utilizada para detetar substâncias químicas e feromonas.
- **Mandíbulas**: As mandíbulas são estruturas fortes, semelhantes a dentes, utilizadas para agarrar, cortar, transportar alimentos e defender a colónia. São altamente especializadas e variam muito entre espécies. Algumas formigas, como as cortadeiras, têm mandíbulas afiadas para cortar a vegetação, enquanto outras, como as formigas-soldado, têm mandíbulas grandes e poderosas para defesa.

- **Clípeo**: O clípeo é uma estrutura em forma de placa na parte frontal da cabeça, logo acima das mandíbulas. Ajuda a regular o movimento das mandíbulas e está envolvido na alimentação.

1.2. Tórax (Mesossoma)

O tórax, ou mesossoma, é responsável pela locomoção e liga a cabeça ao abdómen. É constituído por três segmentos fundidos e alberga os músculos que controlam as pernas e, nas formigas aladas, as asas.

- **Pernas**: As formigas possuem seis patas, sendo que três pares estão presas ao tórax. Cada pata está dividida em cinco segmentos:
  - **Coxa**: O segmento mais próximo do tórax.
  - **Trocânter**: Um pequeno segmento que liga a coxa ao fémur.
  - **Fémur**: A parte maior e mais musculada da perna.
  - **Tíbia**: Um segmento longo e fino que ajuda a formiga a mover-se.
  - **Tarso**: O segmento distal que inclui o pé, terminando num par de garras para agarrar superfícies.
- **Asas**: Apenas as formigas reprodutoras (rainhas e machos) possuem asas, que utilizam durante os voos de acasalamento. As asas são membranosas e existem dois pares - asas anteriores e asas posteriores. Após o acasalamento, as rainhas normalmente perdem as suas asas.

1.3. Abdómen

Nas formigas, o abdómen está dividido em duas partes distintas: o **pecíolo** e o **gáster**.

- **Pecíolo**: Segmento estreito, semelhante a uma cintura, que liga o tórax ao gáster. Em algumas formigas, há um ou dois nódulos (pequenas estruturas arredondadas) que constituem o pecíolo. O pecíolo permite a flexibilidade e o movimento entre o tórax e o gáster.
  - **Pecíolo de um só segmento**: Encontrado em subfamílias como *Formicinae* e *Dolichoderinae*.
  - **Pecíolo com dois segmentos**: Encontrado em subfamílias como *Myrmicinae* e *Ponerinae*.
- **Gastro**: A maior parte do abdómen, contendo órgãos vitais como os sistemas digestivo, reprodutor e excretor. O gaster também abriga o ferrão nas formigas que o possuem, como os membros das subfamílias *Myrmicinae* e *Ponerinae*.

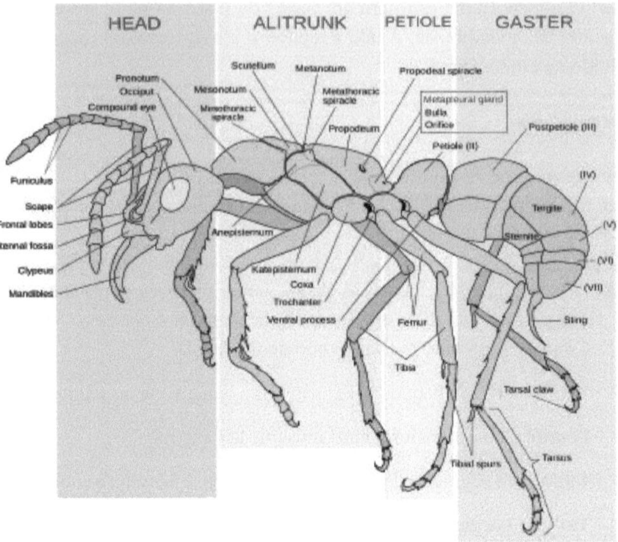

2. Caraterísticas externas

2.1. Exosqueleto

As formigas, tal como outros artrópodes, têm um exosqueleto duro feito de **quitina**. Este esqueleto externo protege os seus órgãos internos e fornece pontos de fixação para os músculos. O exoesqueleto é também impermeável, ajudando a evitar a dessecação (perda de água), o que é essencial para as formigas que vivem em ambientes secos.

2.2. Glândulas de feromonas

As formigas têm várias glândulas que produzem substâncias químicas (feromonas) para comunicação, defesa e recrutamento. Estas glândulas desempenham um papel vital nas suas complexas interações sociais.

- **Glândula de Dufour**: Localizada perto do ferrão em algumas espécies de formigas, esta glândula produz feromonas de rasto que as formigas utilizam para marcar os caminhos para as fontes de alimento.
- **Glândula de veneno**: Presente nas espécies com ferrões, esta glândula produz veneno, que pode ser injetado na presa ou utilizado na defesa.
- **Glândula Metapleural**: Encontrada no tórax, esta glândula produz secreções antimicrobianas que ajudam a manter o corpo da formiga e o ninho limpos e livres de agentes patogénicos.

3. Anatomia interna

3.1. Sistema digestivo

As formigas têm um sistema digestivo complexo que lhes permite processar uma grande variedade de alimentos, desde matéria vegetal a pequenos insectos.

- **Colheita (Estômago Social)**: O papo é um saco expansível localizado no intestino anterior onde as formigas armazenam alimento líquido para uso posterior. O papo permite que as formigas partilhem o alimento com os colegas de ninho através de um processo chamado **trofalaxia**, em que as formigas regurgitam o alimento para as outras.
- **Intestino médio e intestino grosso**: Após a colheita, os alimentos passam para o intestino médio, onde ocorre a digestão. O intestino grosso é o local onde os resíduos são processados antes de serem excretados.

3.2. Sistema circulatório

As formigas, tal como outros insectos, têm um sistema circulatório aberto. O sangue (hemolinfa) é bombeado por um coração em forma de tubo localizado na parte dorsal (superior) do corpo. A hemolinfa não está contida em vasos, mas flui livremente à volta dos órgãos internos.

3.3. Sistema respiratório

As formigas respiram através de um sistema de **traqueias**, que são pequenos tubos que fornecem oxigénio diretamente aos seus tecidos. O ar entra no corpo através de **espiráculos**, pequenas aberturas ao longo dos lados do tórax e do abdómen.

3.4. Sistema nervoso

O sistema nervoso das formigas é relativamente simples mas altamente eficiente. Um cérebro central na cabeça processa a informação sensorial, enquanto um cordão nervoso ventral corre ao longo da parte inferior do corpo, controlando os movimentos das pernas e de outras partes do corpo.

4. Caraterísticas especializadas

4.1. Stingers e mecanismos de defesa

- **Ferrões**: Muitas espécies de formigas possuem um ferrão funcional, localizado na extremidade do gáster, utilizado para defesa e caça. O ferrão pode injetar veneno em presas ou inimigos. As formigas com ferrão encontram-se habitualmente em subfamílias como *Myrmicinae* (por exemplo, formigas-de-fogo, *Solenopsis invicta*) e *Ponerinae* (por exemplo, formigas-armadilha, *Odontomachus*).
- **Pulverização de ácido fórmico**: As formigas da subfamília *Formicinae* não possuem ferrão, mas têm um acidoporo, uma abertura especializada na extremidade do gáster, que utilizam para pulverizar ácido fórmico como

mecanismo de defesa. As espécies *Formica* e *Camponotus* são exemplos de formigas que utilizam esta forma de defesa química.

4.2. Mandíbulas

Algumas formigas, como as formigas-de-alçapão (*Odontomachus*), desenvolveram mandíbulas altamente especializadas que podem fechar-se a velocidades incríveis. Essas mandíbulas são usadas para caça e defesa.

4.3. Castas e especialização morfológica

- **Rainhas**: As fêmeas reprodutoras da colónia, as rainhas são normalmente maiores do que as operárias e possuem asas durante a fase de acasalamento. Após o acasalamento, as rainhas perdem as suas asas e passam o resto da sua vida a pôr ovos.
- **Operárias**: Fêmeas estéreis que executam várias tarefas, tais como procurar alimentos, cuidar da ninhada e defender a colónia. As operárias variam em tamanho e especialização consoante a espécie.
- **Soldados**: Nas espécies com operárias polimórficas (formigas com tamanhos e funções variáveis), os soldados são formigas maiores equipadas com mandíbulas poderosas usadas para defender a colónia.

Conclusão

A anatomia e a morfologia das formigas estão em perfeita sintonia com os seus papéis ecológicos e organização social. Desde as suas mandíbulas altamente especializadas até às suas glândulas produtoras de feromonas, as formigas desenvolveram várias adaptações que lhes permitem estar entre os organismos mais bem sucedidos e difundidos do planeta.

2.2 Adaptações físicas das formigas

As formigas são organismos incrivelmente bem sucedidos devido às suas várias adaptações físicas, que lhes permitem prosperar numa grande variedade de ambientes. Estas adaptações evoluíram ao longo de milhões de anos, permitindo às formigas recolher alimentos de forma eficiente, comunicar, defender-se e sobreviver em diversos ecossistemas. Segue-se um resumo pormenorizado de algumas das mais importantes adaptações físicas das formigas:

1. Adaptações sensoriais

1.1. Antenas

- **Função**: As antenas são os principais órgãos sensoriais das formigas e estão altamente adaptadas para detetar sinais químicos, vibrações e tato.
- **Adaptação**: As formigas utilizam as suas antenas em forma de cotovelo para detetar feromonas, que são cruciais para a comunicação dentro da colónia. Estes sinais ajudam as formigas a marcar trilhos, localizar alimentos, reconhecer

companheiros de ninho e detetar o perigo. A estrutura fina das antenas permite às formigas distinguir uma vasta gama de sinais químicos.

- **Exemplo**: As feromonas de rasto colocadas pelas forrageadoras guiam as outras formigas para as fontes de alimento.

1.2. Olhos compostos

- **Função**: Embora as formigas tenham geralmente uma visão fraca em comparação com outros insectos, os seus olhos compostos estão adaptados para detetar o movimento e a luz.
- **Adaptação**: As formigas que estão activas durante o dia, como as formigas do deserto (*Cataglyphis*), dependem mais da sua visão para a navegação, enquanto as formigas em ambientes com pouca luz, como as formigas do exército, têm olhos reduzidos ou mesmo ausentes.

- **Exemplo**: As formigas *Cataglyphis* utilizam pistas visuais, como a posição do sol, e padrões de luz polarizada para navegar em ambientes desérticos.

2. Adaptações de locomoção

2.1. Pernas

- **Função**: As pernas das formigas estão adaptadas para uma deslocação rápida e eficiente em vários terrenos.
- **Adaptação**: As formigas têm seis patas articuladas que lhes permitem deslocar-se rapidamente e transpor obstáculos. As garras na extremidade das pernas ajudam-nas a agarrar as superfícies, tornando-as excelentes trepadoras. Algumas formigas, como as espécies do deserto, têm pernas mais longas, adaptadas para percorrer longas distâncias em busca de alimento.

- **Exemplo**: *As formigas prateadas do Saara* (*Cataglyphis bombycina*) têm pernas longas que mantêm os seus corpos elevados acima da superfície quente do deserto, reduzindo a absorção de calor enquanto correm rapidamente pela areia.

2.2. Mandíbulas com mandíbulas de armadilha

- **Função**: Utilizadas para a caça e a defesa, as formigas-de-alçapão têm mandíbulas que se fecham a velocidades incríveis.
- **Adaptação**: As mandíbulas das espécies de *Odontomachus* (formigas-de-alçapão) podem fechar-se em microssegundos, o que as torna uma das partes do corpo que se movem mais rapidamente no reino animal. Estas mandíbulas permitem que as formigas apanhem presas em movimento rápido ou se lancem no ar para escapar aos predadores.

- **Exemplo**: As formigas *Odontomachus* também podem usar as suas mandíbulas para se catapultarem no ar quando ameaçadas por predadores.

3. Alimentação e Adaptações Digestivas

3.1. Mandíbulas

- **Função**: As mandíbulas são utilizadas para cortar, transportar e defender.
- **Adaptação**: As mandíbulas das formigas são altamente especializadas, dependendo da espécie. Nas formigas cortadeiras (*Atta*), as mandíbulas são afiadas

e utilizadas para cortar as folhas, que são depois processadas pela colónia para a criação de fungos. As formigas-soldado têm mandíbulas maiores e mais fortes, usadas para defesa.

- **Exemplo**: As formigas cortadeiras utilizam as suas mandíbulas para cortar as folhas em pequenos pedaços, que transportam para o ninho para cultivar fungos como alimento.

3.2. Estômago social (cultura)

- **Função**: A cultura armazena alimentos líquidos para posterior distribuição entre os membros da colónia.
- **Adaptação**: As formigas têm um "estômago social" especializado (papo) que lhes permite partilhar alimentos com os companheiros de ninho através da **trofalaxia**. Este comportamento permite uma distribuição eficiente dos alimentos dentro da colónia, uma vez que uma única formiga forrageira pode alimentar muitas outras.
- **Exemplo**: As forrageadoras regressam ao ninho com comida no papo e regurgitam-na para a partilhar com as larvas, a rainha e outras obreiras.

4. Adaptações defensivas

4.1. Ferrões

- **Função**: Muitas espécies de formigas possuem ferrões para defesa ou caça.
- **Adaptação**: Nas formigas, como as formigas-de-fogo (*Solenopsis invicta*), o ferrão é uma adaptação fundamental para administrar o veneno a predadores ou presas. O veneno pode paralisar a presa ou dissuadir predadores maiores. Algumas formigas, como *as Ponerinae*, também utilizam os seus ferrões para injetar veneno durante a predação.
- **Exemplo**: As formigas-de-fogo usam os seus ferrões para injetar veneno em intrusos ou presas, e os seus ferrões dolorosos são bem conhecidos dos humanos.

4.2. Pulverização com ácido fórmico

- **Função**: Em vez de ferrões, as formigas da subfamília *Formicinae* evoluíram para pulverizar ácido fórmico como um mecanismo de defesa.
- **Adaptação**: Formigas como as espécies *Formica* e *Camponotus* têm um **acidoporo** na extremidade do gáster, que utilizam para pulverizar ácido fórmico nos predadores. Esta adaptação proporciona uma defesa química que pode repelir ameaças sem a necessidade de picadas físicas.
- **Exemplo**: *As Formica rufa* (formigas vermelhas da madeira) pulverizam ácido fórmico quando os seus ninhos são ameaçados por predadores como aves ou mamíferos.

5. Adaptações de comunicação

5.1. Feromonas

- **Função**: As formigas dependem fortemente da comunicação química através das feromonas.
- **Adaptação**: As formigas têm glândulas especializadas que produzem feromonas, o que lhes permite comunicar mensagens complexas, como sinais de alarme,

localização de alimentos ou marcadores de trilhos. As formigas conseguem detetar quantidades mínimas destes químicos usando as suas antenas.

- **Exemplo**: Quando uma formiga forrageira encontra alimento, deixa um rasto de feromonas que a leva de volta ao ninho. Outras formigas seguem o rasto até à fonte de alimento, reforçando-o à medida que mais formigas viajam de um lado para o outro.

5.2. Comunicação Vibracional

- **Função**: Algumas formigas utilizam as vibrações para comunicar dentro da colónia.
- **Adaptação**: As formigas, como as da subfamília *Myrmicinae*, produzem vibrações através da estridulação (raspagem de partes do corpo). Este método é utilizado para comunicar o sofrimento ou para assinalar às outras formigas a presença de alimento ou de perigo.

- **Exemplo**: As formigas cortadeiras produzem vibrações para alertar os companheiros de ninho sobre a localização de um local adequado para o corte de folhas.

6. Termorregulação e adaptações ambientais

6.1. Adaptações ao calor nas formigas do deserto

- **Função**: As formigas que vivem no deserto estão expostas a temperaturas extremas e adaptaram-se para sobreviver a estas condições.
- **Adaptação**: Muitas formigas do deserto, como as espécies *Cataglyphis*, têm uma elevada tolerância ao calor. Frequentemente, procuram alimento durante a parte mais quente do dia, quando os predadores estão menos activos. As suas pernas longas e os pêlos do corpo que reflectem a luz reduzem a absorção do calor do solo.

- **Exemplo**: *A Cataglyphis bombycina* (formiga prateada do Saara) utiliza as suas longas pernas para elevar o seu corpo da areia quente do deserto e os seus pêlos prateados reflectores ajudam a regular a temperatura do corpo, reflectindo a luz solar.

6.2. Edifício Ninho para Controlo Climático

- **Função**: Os ninhos de formigas oferecem proteção contra os extremos ambientais.
- **Adaptação**: As formigas constroem ninhos que são altamente adaptados ao seu ambiente. Algumas formigas, como as *Oecophylla* (formigas tecelãs), constroem ninhos arbóreos utilizando folhas tecidas com seda produzida pelas suas larvas. Outras, como as *Pogonomyrmex* (formigas colhedoras), constroem ninhos subterrâneos que mantêm temperaturas estáveis, mesmo em condições desérticas adversas.

- **Exemplo**: As formigas cortadeiras constroem ninhos subterrâneos com poços de ventilação para regular a humidade e a temperatura, o que lhes permite manter as condições adequadas para o crescimento do seu alimento fúngico.

7. Especialização morfológica e divisão do trabalho

7.1. Polimorfismo (variação de tamanho e forma)

- **Função**: Muitas espécies de formigas apresentam polimorfismo, em que operárias de diferentes tamanhos desempenham diferentes tarefas na colónia.
- **Adaptação**: Nas espécies polimórficas, as formigas maiores (soldados) estão adaptadas à defesa e ao manuseamento de grandes presas, enquanto as formigas mais pequenas (operárias menores) se concentram no cuidado da criação e na procura de alimento. Esta divisão do trabalho aumenta a eficiência da colónia.
- **Exemplo**: Nas formigas *Pheidole*, existem castas distintas de trabalhadores menores e trabalhadores maiores (soldados), sendo que os soldados têm cabeças e mandíbulas maiores, adequadas para defender a colónia.

7.2. Adaptação da rainha à reprodução

- **Função**: As rainhas são especializadas na reprodução.
- **Adaptação**: As formigas rainhas são significativamente maiores do que as operárias e estão equipadas com asas durante a sua fase reprodutiva. Têm um sistema reprodutor muito desenvolvido e podem pôr milhares de ovos. Após o acasalamento, as rainhas perdem as suas asas e concentram-se apenas na postura de ovos.
- **Exemplo**: A rainha das formigas cortadeiras pode produzir milhões de ovos durante a sua vida, apoiando o crescimento de colónias grandes e complexas.

Conclusão

As adaptações físicas das formigas, desde as suas mandíbulas e antenas especializadas até à sua tolerância ao calor e estruturas de ninho complexas, fizeram delas um dos grupos de insectos mais bem sucedidos e diversificados. Estas adaptações permitem que as formigas se desenvolvam em quase todos os habitats terrestres e a sua organização social, combinada com estas caraterísticas físicas, contribui para o seu domínio ecológico.

Capítulo 3: Ciclo de vida das formigas

1. Fases de desenvolvimento

As formigas têm um ciclo de vida **metamorfoseado completo**, composto por quatro fases distintas: **ovo**, **larva**, **pupa** e **adulto**. Este ciclo de vida é caraterístico dos insectos holometábolos e é essencial para a divisão do trabalho nas colónias de formigas. O processo pode variar ligeiramente consoante a espécie e as condições ambientais, mas o padrão geral permanece o mesmo.

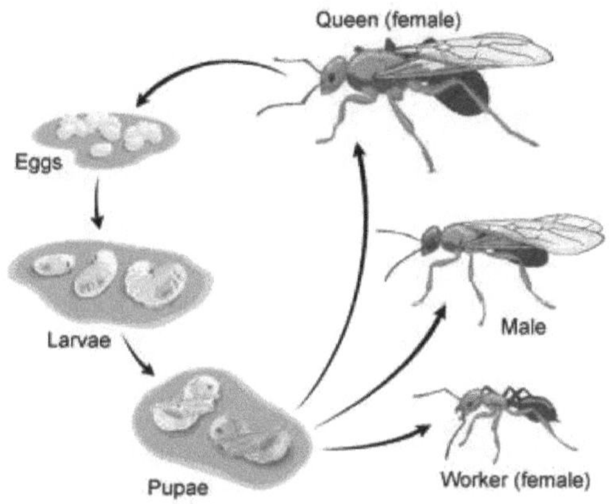

1. Fase de ovo

- **Duração**: 1 a 2 semanas, dependendo da espécie e das condições ambientais (temperatura, humidade).
- **Descrição**:
    - O ciclo de vida começa quando a formiga rainha põe ovos. Os ovos fertilizados desenvolvem-se em fêmeas (operárias ou futuras rainhas), enquanto os ovos não fertilizados desenvolvem-se em machos.
    - Os ovos das formigas são muito pequenos (cerca de 0,5 mm), de forma oval e brancos ou transparentes.
    - A rainha é normalmente responsável pela postura de todos os ovos da colónia. As rainhas podem produzir milhares de ovos durante o seu tempo de vida, assegurando o crescimento contínuo da colónia.
- **Principais adaptações**:
    - As formigas rainhas são capazes de armazenar esperma após um único voo de acasalamento, o que lhes permite fertilizar os ovos durante muitos anos sem necessidade de acasalar novamente.

- As formigas têm uma elevada taxa de reprodução, permitindo que as colónias recuperem rapidamente de perdas ou se expandam rapidamente.

2. Fase de larva

- **Duração**: 1 a 2 semanas.
- **Descrição**:
    - Quando os ovos eclodem, desenvolvem-se em **larvas**, que não têm pernas, são semelhantes a larvas e são cegas. As larvas têm corpos macios, brancos, semelhantes a vermes, com uma cabeça distinta.
    - As larvas são alimentadas pelas formigas operárias e dependem inteiramente delas para se nutrirem. O alimento fornecido é geralmente líquido ou sólido regurgitado, consoante a espécie.
    - Durante esta fase, as larvas sofrem várias mudas (queda da sua pele exterior) à medida que crescem.
    - As larvas não têm pernas, pelo que dependem inteiramente das formigas operárias para se deslocarem no ninho.
- **Alimentação**:
    - As larvas consomem dietas ricas em proteínas, particularmente durante o seu desenvolvimento inicial. Algumas espécies, como as formigas-de-fogo, alimentam as suas larvas com alimentos sólidos, enquanto outras fornecem alimentos líquidos.
    - A trofalaxia (partilha de alimentos regurgitados) é uma forma comum de alimentar as larvas na maioria das espécies de formigas.
- **Diferenciação de castas**:
    - A quantidade e o tipo de alimento dado às larvas podem determinar o seu futuro papel na colónia. As larvas bem nutridas podem tornar-se rainhas, enquanto as que são alimentadas com alimentos de menor qualidade ou de menor quantidade se transformam em operárias.

3. Fase de pupa

- **Duração**: 1 a 3 semanas.
- **Descrição**:
    - Após a fase larvar, as formigas entram na fase **de pupa**, durante a qual sofrem uma transformação significativa. Esta fase é semelhante a um casulo nas borboletas, mas algumas pupas de formigas formam casulos visíveis, enquanto outras permanecem expostas.

- Durante esta fase, o corpo da formiga sofre uma metamorfose completa, transformando-se de larva em adulto. Dentro do invólucro pupal, os tecidos da formiga são reorganizados e ela desenvolve as estruturas corporais caraterísticas das formigas adultas, incluindo pernas, antenas e asas (nas formigas reprodutoras).
- A pupa permanece imóvel e depende das operárias que a protegem e cuidam dela.

- **Tipos de pupas**:
  - Algumas espécies têm **pupas nuas**, que se desenvolvem sem um casulo protetor, enquanto outras, como muitas espécies de *Formica* e *Myrmicinae*, produzem **pupas em casulo** (o invólucro da pupa é feito de seda segregada pelas larvas).

4. Fase adulta

- **Duração**: Várias semanas a anos, consoante o papel da formiga e a espécie.
- **Descrição**:
  - Uma vez terminada a fase de pupa, emerge a formiga adulta. As formigas adultas dividem-se em três castas distintas, cada uma com um papel diferente: **operárias**, **rainhas** e **machos**.
  - As formigas adultas podem viver entre várias semanas e muitos anos, sendo as rainhas as que vivem mais tempo (até 30 anos nalgumas espécies), as obreiras entre alguns meses e anos e os machos apenas algumas semanas.

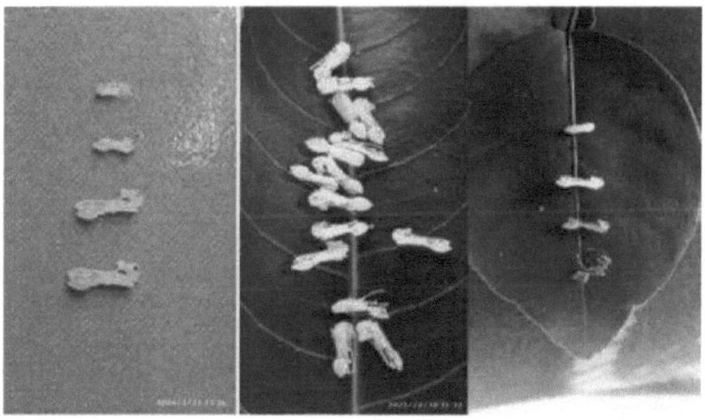

Estádios larvares e adultos da formiga tecelã

4.1. Formigas operárias

- **Função**: Fêmeas estéreis responsáveis pela procura de alimentos, manutenção do ninho, amamentação da ninhada e defesa da colónia.

- **Adaptação**: As formigas operárias são frequentemente polimórficas, com diferentes tamanhos e especializações (por exemplo, operárias menores e operárias maiores ou soldados). As operárias mais pequenas ocupam-se das tarefas diárias, enquanto as maiores (soldados) protegem a colónia.
- **Tempo de vida**: Vários meses a alguns anos, consoante a espécie e as condições ambientais.

4.2. Formigas rainhas

- **Função**: A fêmea reprodutora, responsável pela postura de todos os ovos da colónia. Após o acasalamento, as rainhas perdem as asas e dedicam-se exclusivamente à reprodução.
- **Adaptação**: As rainhas têm ovários grandes e desenvolvidos para produzir milhares de ovos ao longo da sua vida. Armazenam o esperma dos voos de acasalamento num órgão especializado (espermateca), o que lhes permite fertilizar os ovos durante muitos anos.
- **Tempo de vida**: As rainhas vivem normalmente muito mais tempo do que as operárias e os machos. Em algumas espécies, podem viver entre 10 a 30 anos.

4.3. Formigas machos (zangões)

- **Função**: Machos reprodutores, cujo único objetivo é acasalar com a rainha. Não participam nas actividades da colónia, como a procura de alimentos ou a defesa.
- **Adaptação**: Os machos têm asas e são frequentemente mais pequenos do que as rainhas, mas maiores do que as operárias. A sua única função é a reprodução, pelo que morrem pouco depois do acasalamento.
- **Tempo de vida**: Os machos vivem normalmente apenas algumas semanas, tipicamente o tempo suficiente para participar no voo de acasalamento.

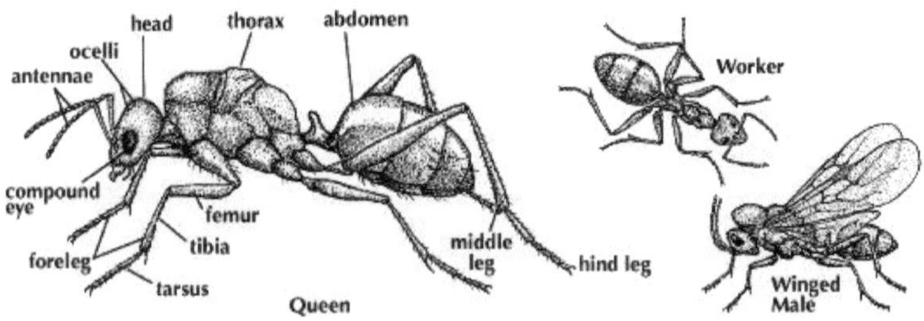

5. Voo de acasalamento e reprodução

- **Voo nupcial**:
  - A reprodução ocorre durante um período conhecido como **voo nupcial**, em que as formigas reprodutoras aladas (rainhas e machos) deixam o ninho

para acasalar. Este evento ocorre normalmente em condições ambientais específicas, como após a chuva.

- As rainhas e os machos fazem um voo de acasalamento, durante o qual as rainhas são fertilizadas por machos de outras colónias. Após o acasalamento, os machos morrem e as rainhas fertilizadas aterram para estabelecer novas colónias.

- **Fundação da colónia**:
  - Depois de aterrarem, as rainhas acasaladas perdem as asas e cavam um pequeno ninho para pôr os primeiros ovos. Inicialmente, a rainha cuida ela própria das larvas. Quando o primeiro grupo de operárias amadurece, estas assumem as tarefas de manutenção da colónia e a rainha concentra-se apenas na postura dos ovos.

5.1 Ciclo de vida e expansão das colónias

- **Fase inicial**:
  - Quando uma nova colónia começa, a rainha é o único membro inicialmente. Ela põe ovos e cuida do primeiro grupo de operárias. Estas primeiras operárias são normalmente mais pequenas e ajudam no desenvolvimento da colónia.
- **Fase de crescimento**:
  - À medida que o número de obreiras aumenta, a colónia cresce. As operárias assumem várias funções, incluindo a procura de alimentos, o cuidado da rainha e da ninhada e a defesa do ninho.
- **Fase de maturidade**:
  - Quando a colónia atinge a maturidade (o que pode demorar vários anos), começa a produzir indivíduos reprodutores (novas rainhas e machos) para os voos nupciais. O sucesso da colónia depende do seu tamanho, da disponibilidade de alimentos e da sua capacidade de se defender contra predadores ou colónias rivais.

Conclusão

O ciclo de vida das formigas é um processo complexo que envolve a metamorfose completa do ovo ao adulto. Cada fase é fundamental para a sobrevivência e a expansão da colónia. As rainhas desempenham um papel central na reprodução, enquanto as operárias mantêm a colónia e asseguram a sobrevivência das gerações futuras. Esta estrutura social altamente organizada e as suas estratégias reprodutivas eficientes permitiram que as formigas se tornassem um dos grupos de insectos mais dominantes na Terra.

3.2 Comportamento de forrageamento das formigas

O forrageamento é um dos comportamentos mais essenciais nas colónias de formigas, uma vez que assegura a sobrevivência da colónia, fornecendo alimento tanto para as obreiras como para os membros reprodutores. As formigas apresentam comportamentos de forrageamento complexos que são altamente eficientes e frequentemente coordenados, impulsionados por mecanismos de comunicação, condições ambientais e necessidades da colónia. Os comportamentos de forrageamento das formigas podem variar muito entre espécies, mas são largamente influenciados pela divisão do trabalho e pela estrutura social da colónia.

1. Estratégias de procura de alimentos

1.1. Forrageamento individual

- **Descrição**: Algumas espécies de formigas, particularmente as forrageadoras solitárias, dependem de operárias individuais para encontrar e recuperar alimentos. Estas formigas procuram o alimento de forma independente, sem o envolvimento direto de outros membros.
- **Espécies**: Comum em espécies como a **Odontomachus** (formigas-de-alçapão) ou certas formigas do deserto como a **Cataglyphis**.
- **Exemplo**: As formigas do deserto, como as *Cataglyphis*, andam muitas vezes sozinhas à procura de insectos mortos ou de pequenos animais, confiando nas suas capacidades de navegação para regressarem ao ninho depois de localizarem o alimento.

1.2. Forrageamento em grupo

- **Descrição**: Em muitas espécies, as formigas que forrageiam em grupos colaboram para encontrar, recolher e transportar alimentos. O forrageamento em grupo aumenta a eficiência da recolha de alimentos, especialmente quando se trata de fontes de alimento grandes ou de difícil acesso.
- **Espécies**: Comum em formigas do exército (*Eciton*), formigas-de-fogo (*Solenopsis*) e formigas cortadeiras (*Atta*).
- **Exemplo**: As formigas do exército operam em grandes enxames organizados que varrem o chão da floresta em busca de presas. Estas incursões envolvem milhares de indivíduos e resultam na captura de uma grande quantidade de alimento.

1.3. Forrageamento baseado no recrutamento

- **Descrição**: Algumas formigas utilizam estratégias de recrutamento em que uma forrageira bem sucedida regressa ao ninho para alertar outras formigas sobre uma fonte de alimento. A forrageira conduz então um grupo de operárias de volta ao local do alimento.
- **Espécies**: Encontrado em espécies como **Camponotus** (formigas carpinteiras) e **Formica**.
- **Exemplo**: As formigas carpinteiras colocam rastos químicos desde a fonte de alimento até ao ninho, atraindo mais operárias para explorar o alimento de forma

mais eficiente. O comportamento de recrutamento garante que, uma vez encontrada uma fonte de alimento, esta é rapidamente colhida.

2. Comunicação e coordenação na procura de alimentos

2.1. Comunicação química (pistas de feromonas)

- **Descrição**: As formigas comunicam principalmente através do uso de **feromonas**, que são sinais químicos que as ajudam a marcar os caminhos para as fontes de alimento e a assinalar aos outros a qualidade do recurso.

- **Processo**:

    1. Quando uma forrageadora descobre uma fonte de alimento, segrega um rasto de feromonas na sua viagem de regresso ao ninho.
    2. Outras formigas seguem o rasto de feromonas até ao alimento, reforçando o rasto à medida que regressam, levando a um ciclo de feedback em que cada vez mais formigas são recrutadas.
    3. Uma vez esgotada a fonte de alimento, o rasto de feromonas desvanece-se ou é apagado pelas formigas, evitando o desperdício de esforços.

- **Exemplo**: Em espécies como a *Linepithema humile* (formigas argentinas), os rastos de feromonas permitem que toda a colónia explore uma fonte de alimento de forma eficiente, orientando um grande número de operárias para o alvo.

2.2. Comunicação visual e tátil

- **Descrição**: Algumas formigas, particularmente as que têm uma visão mais desenvolvida, usam pistas visuais para navegar e localizar alimentos. A comunicação tátil também ocorre quando as formigas utilizam o contacto físico, como a antena, para transmitir informações sobre as fontes de alimento.
- **Exemplo**: As formigas do deserto, como a *Cataglyphis*, utilizam pontos de referência visuais e a posição do sol para navegar no deserto aberto, memorizando o terreno para encontrar o caminho de volta ao ninho.

2.3. Trofalaxia (partilha de alimentos)

- **Descrição**: Depois de regressarem ao ninho, as forrageadoras podem envolver-se em **trofalaxia**, a troca de alimentos líquidos através da alimentação boca a boca. Este comportamento não só distribui alimento aos membros da colónia, como também transmite informação sobre a qualidade e quantidade da fonte de alimento.
- **Exemplo**: Em espécies como a **Solenopsis invicta** (formigas-de-fogo), as operárias que regressam de uma viagem de procura de alimentos bem sucedida podem partilhar alimentos com a rainha e a ninhada, assegurando a satisfação das necessidades nutricionais da colónia.

3. Eficiência e otimização do forrageamento

3.1. Otimização dos percursos

- **Descrição**: As colónias de formigas optimizam os seus percursos de procura de alimento confiando na capacidade de decisão colectiva das operárias. Através do reforço de feromonas e da seleção de trilhos, as formigas encontram as rotas mais curtas e mais eficientes para o alimento.

- **Exemplo**: Estudos demonstraram que **as Lasius niger** (formigas pretas de jardim) são capazes de encontrar o caminho mais curto entre o seu ninho e uma fonte de alimento, comparando e reforçando diferentes trilhos com feromonas.

3.2. Divisão do trabalho

- **Descrição**: Em muitas espécies de formigas, a força de trabalho de forrageamento é dividida com base na idade ou no tamanho. As formigas mais jovens ou mais pequenas podem ficar no ninho para cuidar da ninhada, enquanto as formigas mais velhas ou maiores são responsáveis pela forragem e pela defesa do ninho.
- **Exemplo**: Nas espécies de **Pheidole**, as operárias mais pequenas (operárias menores) procuram alimentos, enquanto os soldados maiores (operárias maiores) protegem a colónia e ajudam a processar alimentos grandes.

3.3. Eficiência energética

- **Descrição**: As formigas minimizam o gasto de energia especializando-se em tipos de alimentos ou adoptando comportamentos adequados aos seus ambientes. Por exemplo, algumas formigas colhem sementes, enquanto outras procuram substâncias açucaradas como o néctar ou a melada dos afídeos.
- **Exemplo**: **As Pogonomyrmex** (formigas colhedoras) recolhem sementes e armazenam-nas no ninho, onde podem ser utilizadas durante a escassez de alimentos. Estas formigas optimizam o seu comportamento de procura de alimento, concentrando-se em fontes de alimento de alto rendimento perto do ninho.

4. Comportamentos especializados de procura de alimentos

4.1. Formigas cortadeiras (cultura de fungos)

- **Descrição**: As formigas *Atta* e *Acromyrmex* são conhecidas por cortarem folhas e levarem-nas para o ninho. No entanto, elas não consomem as folhas diretamente. Em vez disso, usam as folhas como substrato para cultivar um tipo específico de fungo que serve como sua principal fonte de alimento.
- **Processo**:

  1. As operárias cortam as folhas e levam-nas para o ninho.
  2. As folhas são processadas e utilizadas para cultivar o fungo.
  3. As formigas alimentam-se do fungo, que lhes fornece os nutrientes essenciais.

- **Exemplo**: Nas colónias de *Atta*, diferentes castas de operárias são especializadas em cortar, transportar e cuidar do fungo, o que faz deste um dos exemplos mais sofisticados de mutualismo entre formigas e outro organismo.

4.2. Formigas do exército (Forrageamento nómada)

- **Descrição**: As formigas do exército, como a **Eciton burchellii**, são conhecidas pelo seu estilo de vida nómada e pelo seu comportamento agressivo na procura de alimento. Estas formigas formam grandes grupos de ataque que viajam em conjunto, caçando e consumindo grandes quantidades de presas.

- **Processo**:

  1. As formigas do exército não constroem ninhos permanentes, mas formam bivouacs temporários (ninhos vivos feitos com os seus próprios corpos).
  2. Realizam incursões em grande escala, deslocando-se pela floresta em colunas, alimentando-se de insectos, pequenos animais e outros invertebrados.
  3. Quando os alimentos da zona se esgotam, deslocam-se para um novo local de alimentação.

- **Exemplo**: As incursões de formigas do exército podem envolver dezenas de milhares de formigas que trabalham em conjunto para esmagar e capturar presas, incluindo insectos e até pequenos vertebrados.

4.3. Formigas escravizadoras (Parasitismo social)

- **Descrição**: Algumas espécies de formigas, como as **Polyergus** (formigas da Amazónia), têm um comportamento de escravatura, em que invadem outras colónias de formigas para roubar criação (ovos e larvas), que depois são criados como trabalhadores na sua própria colónia.
- **Processo**:

  1. As formigas escravas atacam uma colónia vizinha, roubando larvas e pupas.
  2. Estas formigas roubadas são criadas no ninho dos salteadores, onde assumem as tarefas de recolha de alimentos e de cuidados com a ninhada.
  3. As formigas parasitas dependem inteiramente das formigas escravizadas para todas as funções da colónia.

- **Exemplo**: As formigas *Polyergus* são caçadoras altamente especializadas que dependem das batidas para manter a sua colónia, uma vez que são incapazes de se alimentar ou de cuidar da sua ninhada de forma independente.

5. Factores ambientais que influenciam o forrageamento

5.1. Temperatura e humidade

- **Descrição**: O comportamento de forrageamento das formigas é frequentemente influenciado por factores ambientais como a temperatura e a humidade. Algumas espécies estão adaptadas para forragear em condições extremas, enquanto outras preferem climas mais amenos.
- **Exemplo**: As formigas **Cataglyphis** são conhecidas pela sua capacidade de se alimentarem em condições desérticas extremamente quentes, aventurando-se frequentemente quando as temperaturas são demasiado elevadas para os predadores e concorrentes.

5.2. Alterações sazonais

- **Descrição**: As variações sazonais podem afetar a disponibilidade de alimentos e influenciar quando e como as formigas se alimentam. Algumas formigas acumulam alimentos em antecipação aos meses mais frios, enquanto outras ficam inactivas.
- **Exemplo**: **As Pogonomyrmex** (formigas colhedoras) armazenam sementes em câmaras subterrâneas durante o verão e o outono para garantir o abastecimento de alimentos durante o inverno, quando não é possível procurar alimentos.

Conclusão

O comportamento de forrageamento das formigas é uma atividade complexa e altamente organizada que varia significativamente entre espécies. As formigas utilizam uma variedade de estratégias, desde a procura individual de alimentos até às incursões em grupo, e recorrem a mecanismos de comunicação sofisticados, como as feromonas, para otimizar os seus esforços. Ao adaptarem-se aos seus ambientes e ao empregarem a divisão do trabalho, as formigas tornaram-se um dos organismos mais eficientes e ecologicamente

3.3 Procura de alimentos

As formigas são forrageadoras altamente eficientes, empregando uma combinação de métodos de busca avançados e sistemas de comunicação sofisticados para localizar, avaliar e recolher alimentos. As suas estratégias para encontrar alimento estão profundamente ligadas à sua organização social, e dependem fortemente da sinalização química e da memória espacial para comunicar à colónia informações sobre as fontes de alimento.

1. Procura de alimentos

1.1. Pesquisa aleatória

- **Descrição**: Quando uma formiga sai para procurar alimento, especialmente na ausência de um rasto pré-estabelecido, começa frequentemente por **explorar aleatoriamente** o seu ambiente. Isto implica andar em padrões aparentemente erráticos até encontrar uma fonte de alimento.
- **Espécies**: Comum em espécies como **Cataglyphis** (formigas do deserto) ou **Solenopsis invicta** (formigas-de-fogo).
- **Adaptação**: As formigas procuram frequentemente alimento em áreas onde já foram bem sucedidas anteriormente, regressando a locais que lhes deram comida. Esta combinação de procura aleatória e memória torna-as altamente eficazes na procura de alimentos.
- **Exemplo**: As formigas do deserto, como as *Cataglyphis*, alimentam-se individualmente e dependem da memória de pontos de referência e da navegação solar para regressar aos seus ninhos depois de percorrerem longas distâncias.

1.2. Exploração sistemática

- **Descrição**: Algumas espécies dedicam-se **a uma exploração** mais **sistemática**, onde exploram áreas específicas ou cobrem novos territórios de uma forma metódica para maximizar as suas hipóteses de encontrar alimento.
- **Exemplo**: **As Lasius niger** (formigas pretas de jardim) enviam batedores exploradores para verificar novas áreas. Quando um batedor encontra alimento, regressa para recrutar outras operárias.

1.3. Comportamento do escuteiro

- **Descrição**: Em muitas colónias de formigas, um subconjunto de operárias, chamado **batedor**, é encarregado de encontrar novas fontes de alimento. Estas batedoras deslocam-se de forma independente, percorrendo grandes áreas em busca de alimento.
- **Exemplo**: As formigas cortadeiras (*Atta*) utilizam batedores para localizar novas folhagens para os seus jardins de fungos. Uma vez que um batedor encontra uma planta adequada, ele estabelece um rasto para as outras operárias seguirem.

1.4. Utilização de pistas ambientais

- **Descrição**: As formigas são hábeis na interpretação de pistas ambientais, incluindo sinais **olfactivos** (cheiro), **visuais** (pontos de referência) e **tácteis** (toque), para as ajudar a navegar e a encontrar alimento.
- **Exemplo**: As formigas do deserto, como *a Cataglyphis*, utilizam pontos de referência visuais, a posição do sol e padrões de luz polarizada para navegarem grandes distâncias enquanto procuram alimento em ambientes abertos.

Capítulo 4. Organização social das formigas

As formigas são um dos insectos socialmente mais complexos, vivendo em colónias caracterizadas por uma divisão de trabalho, cooperação e comunicação altamente organizadas. A sua organização social é um fator chave para o seu sucesso ecológico, permitindo-lhes dominar muitos ecossistemas terrestres. As colónias de formigas funcionam como "superorganismos", onde cada formiga trabalha em conjunto para manter a saúde, o crescimento e a reprodução da colónia. A estrutura social das formigas é hierárquica, com papéis distintos atribuídos a diferentes castas, que incluem a rainha, as operárias, os soldados e, nalgumas espécies, os machos.

4.1. Sistema de castas nas formigas

1. A Rainha

- **Função**: A rainha é o centro reprodutor da colónia, responsável pela postura dos ovos. A maioria das colónias tem uma rainha (monogínica), mas algumas podem ter várias rainhas (poligínicas).
- **Caraterísticas**: As rainhas são tipicamente maiores do que as outras formigas e possuem asas durante a fase de acasalamento. Após o acasalamento, perdem as asas e começam a pôr ovos.
- **Tempo de vida**: As rainhas têm frequentemente uma duração de vida significativamente mais longa do que as operárias, vivendo por vezes durante décadas em certas espécies.
- **Exemplo**: Em **Solenopsis invicta** (formigas-de-fogo), uma rainha pode pôr centenas de milhares de ovos durante a sua vida, assegurando o crescimento da colónia.

2. Trabalhadores

- **Função**: As operárias são fêmeas não reprodutoras responsáveis pela manutenção da colónia, pelo cuidado da rainha e da ninhada, pela procura de alimentos e pela defesa do ninho.
- **Caraterísticas**: As formigas operárias variam em tamanho e forma, dependendo do seu papel específico na colónia. Nas espécies polimórficas, as operárias são classificadas em operárias menores e operárias maiores, sendo que as operárias maiores assumem frequentemente papéis especializados.
- **Divisão do trabalho**: Os trabalhadores são normalmente divididos em sub-castas com base na idade ou nas caraterísticas físicas. As operárias mais jovens podem ficar dentro do ninho a cuidar da ninhada, enquanto as mais velhas se ocupam de tarefas mais perigosas, como a procura de alimentos.
- **Exemplo**: Em **Atta** (formigas cortadeiras), as operárias estão divididas em castas com base no tamanho, sendo que as formigas maiores cortam e transportam folhas e as formigas mais pequenas tratam dos jardins de fungos dentro do ninho.

3. Soldados

- **Função**: Nalgumas espécies, a casta das operárias divide-se ainda em soldados, que são especializados na defesa. Os soldados protegem a colónia de predadores, colónias de formigas rivais e outras ameaças.
- **Caraterísticas**: Os soldados são geralmente maiores e têm mandíbulas mais fortes do que os outros trabalhadores, o que lhes permite lutar contra intrusos e predadores.
- **Exemplo**: As formigas **Pheidole** são conhecidas pelas suas operárias altamente dimórficas, com os soldados a terem cabeças grandes e mandíbulas poderosas utilizadas para a defesa e processamento de presas grandes.

4. Machos (Drones)

- **Função**: Os machos têm apenas uma função primária - a reprodução. Acasalam com as rainhas durante o voo nupcial, após o qual morrem. Não participam em quaisquer outras actividades da colónia.
- **Caraterísticas**: Os machos são tipicamente mais pequenos do que as rainhas, mas são alados como as rainhas durante a época de acasalamento. Têm um tempo de vida curto, sobrevivendo apenas o tempo suficiente para cumprir o seu papel reprodutor.
- **Exemplo**: Na maioria das espécies, como a **Formica** (formigas da madeira), os machos são produzidos apenas durante a época de reprodução e morrem pouco depois do acasalamento.

4.2. Divisão do trabalho

Uma das caraterísticas das colónias de formigas é a divisão de trabalho altamente eficiente. Este sistema garante que diferentes tarefas sejam realizadas simultaneamente, optimizando a produtividade e a sobrevivência da colónia.

1. Politeísmo etário

- **Descrição**: Em muitas espécies de formigas, o papel de uma formiga operária muda à medida que ela envelhece. As operárias mais jovens normalmente ficam dentro do ninho para cuidar da rainha e da ninhada, enquanto as operárias mais velhas se envolvem em actividades mais arriscadas, como a procura de alimentos e a defesa do ninho.
- **Exemplo**: Na **Apis mellifera** (abelhas melíferas), as formigas jovens são obreiras amas que cuidam das larvas, enquanto as obreiras mais velhas procuram alimento.

2. Politeísmo físico

- **Descrição**: Nas espécies polimórficas, as formigas têm castas fisicamente distintas que se especializam em tarefas específicas. As operárias maiores (frequentemente designadas por "maiores" ou "soldados") podem concentrar-se na defesa, enquanto as operárias mais pequenas ("menores") se ocupam de tarefas como a procura de alimentos ou o cuidado da ninhada.

- **Exemplo**: Em **Pheidole**, as operárias maiores têm cabeças e mandíbulas grandes, que utilizam para defesa e processamento de alimentos, enquanto as operárias menores se encarregam da maior parte da procura de alimentos na colónia.

3. Atribuição de tarefas

- **Descrição**: A distribuição de tarefas é altamente flexível nas colónias de formigas. Se uma tarefa específica requer mais trabalhadores (como a procura de alimentos durante a escassez de alimentos), as formigas podem adaptar-se e reatribuir-se com base nas necessidades da colónia.
- **Exemplo**: Em **Temnothorax**, a colónia pode ajustar o número de forrageadoras com base na disponibilidade de alimentos e nas condições ambientais, mostrando flexibilidade na atribuição de tarefas.

4.3 Sistemas de comunicação

Uma comunicação eficaz é essencial para a coordenação das actividades de uma colónia. As formigas utilizam uma variedade de métodos para comunicar, incluindo sinais químicos, tácteis e, por vezes, visuais.

1. Comunicação química (feromonas)

- **Descrição**: O principal método de comunicação nas colónias de formigas é através de feromonas, que são sinais químicos. Estas feromonas são utilizadas para uma vasta gama de fins, incluindo a marcação de trilhos para a alimentação, a sinalização de perigo e a regulação das actividades da colónia.
- **Exemplo**: **As Solenopsis invicta** (formigas-de-fogo) utilizam feromonas para recrutar operárias para novas fontes de alimento ou para organizar uma resposta defensiva contra ameaças.

2. Comunicação tátil

- **Descrição**: As formigas utilizam frequentemente o contacto físico para transmitir informações. Isto pode envolver a antenação (tocar com as antenas) para transmitir sinais sobre a qualidade dos alimentos ou potenciais ameaças.
- **Exemplo**: Em **Camponotus** (formigas carpinteiras), as operárias tocam-se frequentemente com as suas antenas para coordenar as actividades no ninho.

3. Comunicação visual

- **Descrição**: Enquanto as formigas se baseiam principalmente em sinais químicos e tácteis, algumas espécies, particularmente as que vivem em ambientes abertos, utilizam sinais visuais para navegar e comunicar.
- **Exemplo**: As formigas **Cataglyphis** utilizam pontos de referência visuais e a posição do sol para navegar no deserto, confiando no seu apurado sentido de orientação e não nas feromonas.

4.4 Comportamento e estrutura dos ninhos

As colónias de formigas estão normalmente centradas em torno de um ninho, que fornece abrigo para a rainha, as operárias, a criação e os alimentos armazenados. A conceção e a complexidade dos ninhos de formigas variam muito consoante a espécie e o ambiente.

1. Ninhos subterrâneos

- **Descrição**: Muitas espécies de formigas constroem ninhos elaborados no subsolo, criando sistemas complexos de túneis e câmaras que albergam a rainha, as operárias e a criação. Estes ninhos também servem como locais de armazenamento de alimentos.
- **Exemplo**: As **Messor** (formigas colhedoras) constroem extensos ninhos subterrâneos com câmaras separadas para armazenamento de alimentos e cuidados com a ninhada.

2. Ninhos Arbóreos

- **Descrição**: Algumas formigas vivem em ninhos construídos acima do solo, muitas vezes em árvores. Estes ninhos podem ser feitos de folhas, terra ou fibras vegetais, consoante a espécie.
- **Exemplo**: As formigas tecelãs **(Oecophylla smaragdina)** criam ninhos costurando folhas com a seda produzida pelas suas larvas.

3. Estilo de vida nómada

- **Descrição**: As formigas do exército e outras espécies com um estilo de vida nómada não constroem ninhos permanentes. Em vez disso, formam "bivaques" temporários constituídos por formigas operárias que unem os seus corpos para criar um abrigo vivo.
- **Exemplo**: **As Eciton burchellii** (formigas do exército) deslocam-se de um local para outro, formando bivaques vivos que servem de abrigos temporários enquanto a colónia procura alimento.

4.5 Reprodução e expansão da colónia

As colónias de formigas crescem e reproduzem-se através do processo de enxameação ou voos nupciais, durante os quais novas rainhas e machos deixam a colónia para acasalar e estabelecer novas colónias.

1. Voos nupciais

- **Descrição**: Durante a época reprodutiva, os machos alados e as rainhas deixam a colónia para um voo nupcial. Após o acasalamento, os machos morrem e as rainhas fertilizadas encontram um local adequado para estabelecer uma nova colónia.
- **Exemplo**: **As Lasius niger** (formigas pretas de jardim) efectuam voos nupciais sincronizados, em que um grande número de rainhas e machos voam ao mesmo tempo, aumentando as hipóteses de acasalamento bem sucedido.

2. Fissão de colónias

- **Descrição**: Em algumas espécies, as colónias reproduzem-se através de um processo chamado **fissão**, em que uma parte das obreiras e rainhas se separa da colónia principal para formar uma nova colónia.
- **Exemplo**: **As Solenopsis invicta** (formigas-de-fogo) podem formar novas colónias por fissão, permitindo que a colónia se espalhe rapidamente por novos territórios.

4.6 Cooperação e conflito nas colónias de formigas

Embora a cooperação seja essencial para a sobrevivência das colónias de formigas, podem surgir conflitos, especialmente quando os recursos são escassos ou durante eventos reprodutivos.

1. Cooperação intra-colonial

- **Descrição**: As formigas apresentam um elevado nível de cooperação dentro da colónia. As operárias cuidam da criação coletivamente e o alimento é partilhado entre os membros através da trofalaxia (alimentação boca a boca).
- **Exemplo**: Nas espécies de **Formica**, as operárias regurgitam alimentos para alimentar as larvas, as rainhas e outras operárias, assegurando a nutrição de toda a colónia.

2. Conflitos intra-coloniais

- **Descrição**: Podem surgir conflitos dentro de uma colónia, especialmente em colónias poligínicas onde várias rainhas podem competir pelo domínio. As operárias podem matar as rainhas em excesso ou adotar um comportamento agressivo para manter a ordem.
- **Exemplo**: Em **Linepithema humile** (formigas argentinas), as operárias podem matar rainhas se a colónia tiver mais do que pode suportar, assegurando que os recursos não são sobrecarregados.

3. Conflitos entre colónias

- **Descrição**: As colónias de formigas têm frequentemente um comportamento agressivo para com as colónias vizinhas, especialmente quando os recursos como a comida ou o território são escassos. As guerras territoriais podem resultar em batalhas em grande escala entre colónias de formigas.
- **Exemplo**: As formigas **Pheidole** são conhecidas pela sua defesa agressiva do território, envolvendo-se frequentemente em ataques contra colónias rivais para expandir o seu domínio.

Conclusão

A organização social das formigas é um sistema altamente evoluído de divisão de trabalho, comunicação e cooperação, o que faz delas um dos grupos de organismos mais bem sucedidos da Terra. Cada casta dentro da colónia desempenha um papel especializado, desde a reprodução e a procura de alimentos até à defesa e cuidados com a ninhada. Através de sistemas de comunicação complexos, divisão eficiente do trabalho e comportamentos sofisticados de nidificação, as formigas mantêm colónias altamente organizadas, capazes de prosperar em diversos ambientes em todo o mundo.

Capítulo 5: As formigas e a ecologia

5.1 Importância ecológica das formigas

As formigas desempenham um papel crucial nos ecossistemas que habitam, actuando como espécies-chave na manutenção do equilíbrio ecológico. As suas actividades - que vão desde a procura de alimentos, modificação do solo, dispersão de sementes e predação - influenciam significativamente a biodiversidade, o ciclo de nutrientes e o funcionamento geral dos ecossistemas. As formigas ocupam uma vasta gama de nichos ecológicos e são frequentemente consideradas engenheiras de ecossistemas devido aos efeitos profundos que têm no seu ambiente.

1. Modificação e arejamento do solo

As formigas são vitais para a saúde e a estrutura do solo. Ao escavarem túneis e criarem ninhos subterrâneos, melhoram o arejamento do solo e contribuem para as suas propriedades físicas.

1.1. Aeração do solo

- **Descrição**: As formigas melhoram o arejamento do solo escavando-o, criando redes de túneis. Isto permite que o ar, a água e os nutrientes penetrem mais profundamente no solo, melhorando o crescimento das raízes das plantas.
- **Exemplo**: Nas regiões tropicais e subtropicais, **as formigas cortadeiras** (*Atta* e *Acromyrmex*) constroem extensas câmaras subterrâneas, facilitando a circulação do oxigénio e dos nutrientes, o que beneficia a vida das plantas.

1.2. Ciclo de nutrientes

- **Descrição**: As formigas ajudam a fazer o ciclo dos nutrientes, transportando matéria orgânica, como folhas e insectos mortos, para os seus ninhos. Estes materiais decompõem-se e enriquecem o solo com nutrientes vitais como o azoto e o fósforo.
- **Exemplo**: As **Messor** (formigas colhedoras) recolhem sementes e outros materiais vegetais, que se decompõem nos seus ninhos, contribuindo com matéria orgânica para o solo.

1.3. Bioturbação

- **Descrição**: Através das actividades de construção de ninhos, as formigas deslocam as partículas do solo, um processo conhecido como **bioturbação**. Este processo ajuda a misturar as camadas do solo, a distribuir os nutrientes e a decompor a matéria orgânica, beneficiando a fertilidade do solo.
- **Exemplo**: **As fórmicas** (formigas da madeira) são conhecidas por criarem grandes montes que alteram a composição do solo, facilitando o crescimento das plantas nas florestas e nos prados.

2. Dispersão de sementes (Myrmecochory)

As formigas são importantes dispersores de sementes em vários ecossistemas, nomeadamente em florestas e prados. Esta interação entre as formigas e as plantas é designada **por mirmecocoria**, em que as formigas transportam sementes com apêndices ricos em nutrientes, chamados **elaiossomas**.

2.1. Mecanismo de dispersão de sementes

- **Descrição**: As formigas transportam as sementes de volta para os seus ninhos para consumir os elaiossomas ricos em nutrientes. Depois, as sementes são deitadas fora, muitas vezes em zonas ricas em nutrientes, como os ninhos de formigas, onde têm mais probabilidades de germinar e crescer.
- **Exemplo**: Nas florestas temperadas, sabe-se que as espécies **Myrmica** e **Formica** dispersam sementes de plantas como o **Trillium** e **a Viola**, contribuindo para a diversidade e distribuição das plantas.

2.2. Benefícios para as plantas

- **Descrição**: A mirmecocoria oferece vários benefícios às plantas, incluindo a proteção contra predadores de sementes, o transporte para locais ricos em nutrientes e a dispersão por áreas mais vastas. As plantas adaptadas a esta interação dependem muitas vezes das formigas para a distribuição das sementes.
- **Exemplo**: Nos ecossistemas mediterrânicos, muitas plantas, incluindo **Erodium** e **Corydalis**, desenvolveram sementes com elaiossomas para atrair formigas para dispersão.

3. Predação e controlo das pragas

As formigas actuam como predadores naturais, ajudando a controlar as populações de insectos e outros pequenos invertebrados. Este papel torna-as essenciais para manter o equilíbrio dos ecossistemas e limitar a sobrepopulação de certas espécies.

3.1. Predação por insectos

- **Descrição**: Muitas espécies de formigas alimentam-se de uma grande variedade de artrópodes, incluindo lagartas, térmitas e escaravelhos, contribuindo para a regulação das populações de insectos nos seus habitats.
- **Exemplo**: As formigas **feidole** são predadores eficazes, caçam vários artrópodes e procuram carniça, mantendo as populações de insectos mais pequenos sob controlo.

3.2. Controlo biológico de pragas

- **Descrição**: As formigas têm sido utilizadas no **controlo biológico de pragas** para proteger as culturas e as plantas das pragas de insectos. O seu comportamento predatório suprime naturalmente as populações de insectos nocivos, como pulgões, lagartas e gorgulhos.
- **Exemplo**: Nos pomares de citrinos na China, **as Oecophylla smaragdina** (formigas tecelãs) foram introduzidas para controlar as pragas, reduzindo a necessidade de pesticidas químicos.

4. Decomposição e eliminação

As formigas contribuem para a decomposição, eliminando os organismos mortos e decompondo os materiais orgânicos. As suas actividades de limpeza ajudam a reciclar os nutrientes de volta para o ecossistema, ajudando no processo de decomposição.

4.1. Remoção da carcaça

- **Descrição**: As formigas são importantes necrófagos, removendo do ambiente os animais mortos e a matéria vegetal. Este processo acelera a decomposição e a reciclagem de nutrientes, beneficiando a saúde geral do ecossistema.
- **Exemplo**: **As Solenopsis invicta** (formigas-de-fogo) são notórias necrófagas, consumindo insectos mortos, pequenos vertebrados e outros materiais orgânicos, acelerando o processo de decomposição.

4.2. Cultura de fungos (simbiose)

- **Descrição**: Certas espécies de formigas, como as formigas cortadeiras, estabelecem uma relação simbiótica com os fungos. Estas formigas recolhem materiais vegetais e usam-nos para cultivar jardins de fungos, que servem como a sua principal fonte de alimento. A matéria vegetal em decomposição enriquece o solo com nutrientes orgânicos.
- **Exemplo**: As espécies **Atta** e **Acromyrmex** colhem folhas para cultivar um fungo especializado, do qual se alimentam. Os subprodutos desta atividade agrícola enriquecem o solo e influenciam o ciclo de nutrientes do ecossistema local.

5. Relações simbióticas com outras espécies

As formigas formam relações simbióticas com vários outros organismos, incluindo plantas, insectos e fungos. Estas relações resultam frequentemente em benefícios mútuos, contribuindo para a biodiversidade e a estabilidade dos ecossistemas.

5.1. Mutualismo formiga-planta

- **Descrição**: As formigas formam relações mutualistas com as plantas, em que as formigas defendem as plantas dos herbívoros em troca de alimento e abrigo. As plantas podem fornecer às formigas néctar, corpos alimentares ou estruturas ocas para nidificação.
- **Exemplo**: As acácias fornecem alimento e abrigo às formigas **Pseudomyrmex**. Em troca, as formigas protegem agressivamente a árvore dos herbívoros e até removem plantas concorrentes.

5.2. Mutualismo formiga-hemíptero

- **Descrição**: Algumas formigas formam relações mutualistas com insectos sugadores de seiva, como os pulgões ou as cochonilhas. As formigas protegem estes insectos dos predadores em troca de melada, um líquido açucarado excretado pelos hemípteros.
- **Exemplo**: **As Lasius niger** (formigas pretas de jardim) cultivam pulgões, protegendo-os dos predadores e deslocando-os para locais de alimentação ideais nas plantas, em troca de um fornecimento constante de melada.

6. Engenheiros de ecossistemas

As formigas modificam o seu ambiente de formas que podem influenciar outras espécies, habitats e a própria paisagem. Através das suas actividades, as formigas podem alterar a disponibilidade de recursos e criar novos habitats para outros organismos.

6.1. Construção de ninhos

- **Descrição**: A construção de ninhos de formigas, particularmente de grandes montes ou câmaras subterrâneas, pode alterar a paisagem e criar microhabitats para outros organismos. As alterações estruturais feitas pelas formigas também afectam a drenagem da água, as propriedades do solo e a distribuição das plantas.
- **Exemplo**: As **Formica rufa** (formigas-da-madeira) constroem grandes ninhos a partir de materiais orgânicos como galhos e folhas. Estes montes proporcionam habitats para vários invertebrados e influenciam o crescimento das plantas locais, enriquecendo o solo.

6.2. Influência noutras espécies

- **Descrição**: Ao alterarem a composição do solo, dispersarem sementes e atacarem insectos, as formigas influenciam a abundância e a diversidade de plantas e animais nos seus habitats. A sua presença pode aumentar a diversidade de outras espécies, contribuindo para a resiliência do ecossistema.
- **Exemplo**: Nas savanas, as formigas **Messor** criam ninhos que servem de microhabitats para vários invertebrados e influenciam a distribuição das espécies vegetais.

7. Impacto na dinâmica dos ecossistemas

As formigas estão envolvidas em vários processos ecológicos que influenciam a dinâmica global dos ecossistemas. As suas interações com outras espécies, como a predação, o mutualismo e a competição, têm consequências de grande alcance para a biodiversidade e o funcionamento dos ecossistemas.

7.1. Espécies-chave

- **Descrição**: Em muitos ecossistemas, as formigas são consideradas **espécies-chave**, o que significa que a sua presença ou ausência tem um impacto desproporcionado na estrutura global do ecossistema. As suas actividades afectam a distribuição e a abundância de outros organismos.
- **Exemplo**: Nas florestas tropicais, as **Eciton burchellii** (formigas do exército) desempenham um papel fundamental como predadores, influenciando as populações de outros insectos e pequenos animais, o que, por sua vez, afecta toda a cadeia alimentar.

7.2. Influência na Biodiversidade

- **Descrição**: Através das suas interações com as plantas, outros insectos e o solo, as formigas ajudam a manter elevados níveis de biodiversidade. As formigas contribuem para a diversidade vegetal através da dispersão de sementes e para a diversidade de insectos através da predação e da criação de habitats.

- **Exemplo**: Nos desertos australianos, as formigas **Iridomyrmex** são dispersoras de sementes dominantes, influenciando a estrutura da comunidade vegetal e promovendo a biodiversidade nestes ambientes agrestes.

Conclusão

As formigas desempenham um papel indispensável nos ecossistemas, actuando como engenheiras de ecossistemas, dispersoras de sementes, predadoras, necrófagas e mutualistas. A sua capacidade de modificar o solo, controlar as populações de pragas e manter a biodiversidade realça a sua importância ecológica. Ao influenciar o ciclo de nutrientes, a distribuição das plantas e as populações de outros organismos, as formigas contribuem para a estabilidade e o funcionamento dos ecossistemas em todo o mundo.

5.2 Interações das formigas com outros organismos

As formigas estabelecem uma grande variedade de interações com outros organismos, desde relações mutualistas a relações antagónicas. Estas interações são fundamentais para o seu papel nos ecossistemas, uma vez que as formigas influenciam a dinâmica populacional, a sobrevivência e o comportamento de numerosas espécies. As suas relações com plantas, fungos, insectos e animais podem ter profundas implicações ecológicas, moldando as estruturas das comunidades e os ecossistemas como um todo.

1. Interações formiga-planta

As formigas têm diversas interações com as plantas, muitas das quais são mutualistas. Estas relações podem incluir parcerias de defesa, dispersão de sementes ou troca de nutrientes.

1.1. Mutualismo formiga-planta (jardins de formigas)

- **Descrição**: Certas plantas e formigas estabelecem uma relação simbiótica em que as plantas fornecem alimentos (néctar ou corpos alimentares) ou espaços de nidificação (espinhos ou caules ocos) em troca de proteção contra herbívoros e concorrentes.
- **Exemplo**: As acácias fornecem alimento e abrigo às formigas do género **Pseudomyrmex**. As formigas defendem agressivamente a Acácia dos herbívoros e removem as plantas invasoras que competem pela luz solar, beneficiando ambas as espécies.

1.2. Myrmecocoria (dispersão de sementes por formigas)

- **Descrição**: As formigas auxiliam na dispersão de sementes carregando-as com apêndices ricos em nutrientes (elaiossomas) de volta para seus ninhos. Depois de consumir o elaiossoma, a semente é descartada, muitas vezes num local favorável à germinação.
- **Exemplo**: Formigas como a **Myrmica** e **a Formica** dispersam sementes de plantas como a **Viola** e **o Trillium**, promovendo a distribuição das plantas e aumentando a biodiversidade de ecossistemas como as florestas temperadas.

1.3. Mutualismo formiga-hemíptero

- **Descrição**: As formigas protegem os insectos sugadores de seiva, como os afídeos ou as cochonilhas (Hemiptera), em troca de **melada,** uma substância açucarada excretada por estes insectos. Esta relação beneficia ambas as partes: as formigas recebem uma fonte de alimento, enquanto os hemípteros ganham proteção contra os predadores.
- **Exemplo**: **As Lasius niger** (formigas pretas de jardim) cultivam pulgões, deslocando-os para locais ideais de alimentação nas plantas e protegendo-os de predadores como as joaninhas, em troca de um fornecimento constante de melada.

2. Interações entre formigas e fungos

Algumas espécies de formigas estabeleceram uma relação mutualista única com os fungos. As formigas cultivam os fungos como fonte de alimento, fornecendo-lhes material vegetal e recebendo nutrição em troca.

2.1. Criação de fungos (formigas Attine)

- **Descrição**: As formigas cortadeiras (géneros **Atta** e **Acromyrmex**) recolhem materiais vegetais, tais como folhas, que levam para os seus ninhos para serem usados como substrato para o cultivo de fungos especializados. As formigas alimentam-se do crescimento fúngico, enquanto o fungo se alimenta da matéria vegetal em decomposição.
- **Exemplo**: As formigas **Atta** nas Américas tropicais colhem folhas e cultivam fungos nos seus ninhos. As formigas protegem e cuidam do fungo e, por sua vez, o fungo fornece-lhes uma fonte de alimento fiável.

2.2. Papel dos decompositores nos ecossistemas fúngicos

- **Descrição**: Nos ecossistemas florestais, as formigas ajudam a decompor a matéria orgânica em decomposição e a dispersar os esporos dos fungos. A sua atividade influencia a propagação e o sucesso das espécies de fungos, contribuindo para o ciclo de nutrientes.
- **Exemplo**: As formigas das florestas temperadas ajudam a dispersar os esporos dos **fungos micorrízicos**, que formam relações benéficas com as raízes das plantas, facilitando a troca de nutrientes entre as plantas e os fungos.

3. Interações formiga-inseto

As formigas interagem com uma grande variedade de insectos, formando relações tanto benéficas como antagónicas. Estas interações podem afetar a dinâmica das populações de outras espécies de insectos e o funcionamento global do ecossistema.

3.1. Relações predador-presa

- **Descrição**: Muitas formigas são predadoras, caçando ou eliminando outros insectos. Esta predação desempenha um papel crucial no controlo da população de insectos herbívoros, o que pode reduzir os danos nas plantas e melhorar a saúde do ecossistema.

- **Exemplo**: As formigas **feidole** são predadores eficazes de lagartas e escaravelhos. Ajudam a regular as populações de pragas, especialmente em ambientes agrícolas, contribuindo para o controlo natural das pragas.

3.2. Parasitismo e Mimetismo

- **Descrição**: Algumas espécies de insectos imitam as caraterísticas químicas ou físicas das formigas para as explorar. Estes mímicos podem ter acesso a ninhos de formigas ou a recursos sem serem detectados.
- **Exemplo**: As borboletas **Phengaris** (Maculinea) apresentam **mirmecofilia**, em que as suas larvas imitam o perfil químico das larvas de formigas para serem adoptadas na colónia de formigas. As larvas de borboleta são então alimentadas e cuidadas pelas formigas, muitas vezes em detrimento da colónia de formigas.

3.3. Relações simbióticas com borboletas

- **Descrição**: Em algumas espécies de borboletas, como as **Lycaenidae**, as lagartas segregam substâncias que atraem as formigas. Em troca de proteção contra os predadores, as lagartas fornecem às formigas secreções ricas em açúcar.
- **Exemplo**: As larvas **de Polyommatus icarus** (borboleta azul comum) produzem uma secreção doce que atrai as formigas, que por sua vez protegem as larvas das vespas parasitas e de outros predadores.

4. Interações entre formigas e animais

As formigas interagem com vertebrados, incluindo aves, mamíferos e répteis, muitas vezes através de relações complexas que envolvem predação, defesa e benefício mútuo.

4.1. As formigas como presas

- **Descrição**: As formigas servem de fonte de alimento para vários vertebrados, incluindo aves, mamíferos e répteis. Muitas espécies desenvolveram comportamentos especializados ou adaptações para o consumo de formigas.
- **Exemplo**: **Os tamanduás**, como o **Tamandua mexicana**, têm línguas compridas adaptadas para extrair formigas dos ninhos. Do mesmo modo, aves como os pica-paus e alguns anfíbios são especializados em alimentar-se de formigas.

4.2. Comportamento de formigueiro em aves

- **Descrição**: Muitas espécies de aves praticam **o formigueiro**, um comportamento em que utilizam formigas para limpar as suas penas. As aves permitem que as formigas rastejem sobre elas ou esfregam formigas esmagadas nas suas penas. O ácido fórmico libertado pelas formigas ajuda a remover os parasitas e a limpar as penas.
- **Exemplo**: Sabe-se que aves como os **corvos** e **os gaios** praticam o formigueiro, utilizando formigas vivas e mortas para manter a sua plumagem.

4.3. As formigas como mutualistas dos vertebrados

- **Descrição**: Em certos ecossistemas, as formigas ajudam a proteger os vertebrados, defendendo os seus ninhos ou fontes de alimento. Em troca, estes vertebrados podem proporcionar benefícios indirectos, como a criação de habitats que as formigas utilizam para nidificar.

- **Exemplo**: Na Amazónia, as formigas do exército **Eciton** formam enxames de ataque que expulsam insectos e pequenos vertebrados. Aves como os **papa-formigas** seguem estes enxames, alimentando-se das presas que fogem, enquanto as formigas beneficiam indiretamente da redução da competição pelo alimento.

5. Interações antiparasitas e patogénicas

As formigas são simultaneamente hospedeiras e defensoras de vários parasitas e agentes patogénicos. Estas interações podem afetar a saúde das colónias de formigas e a dinâmica das populações.

5.1. Espécies de formigas parasitas

- **Descrição**: Algumas espécies de formigas são parasitas, infiltrando-se noutras colónias de formigas e explorando os seus recursos ou mão de obra. As formigas parasitas podem depender de operárias hospedeiras para alimentar e cuidar da sua própria ninhada.
- **Exemplo**: **As Polyergus** (formigas amazonas) são parasitas sociais obrigatórios que invadem os ninhos das formigas **fórmicas**, capturando as suas crias. As larvas capturadas transformam-se em operárias que servem a colónia parasita.

5.2. Mecanismos de defesa dos agentes patogénicos

- **Descrição**: As formigas desenvolveram mecanismos de defesa sofisticados para proteger as suas colónias de doenças e agentes patogénicos. Podem produzir substâncias antimicrobianas ou praticar comportamentos de **imunidade social**, como o hábito de se limparem umas às outras, para evitar a propagação de infecções.
- **Exemplo**: **As formigas cortadeiras** produzem compostos antibióticos através de bactérias simbióticas que vivem nos seus exoesqueletos e que ajudam a proteger os seus jardins fúngicos de fungos parasitas como o **Escovopsis**.

5.3. Fungos da formiga zombie (Ophiocordyceps)

- **Descrição**: Certos fungos parasitas do género **Ophiocordyceps** infectam as formigas, assumindo o controlo do seu comportamento. O fungo manipula a formiga para que esta abandone a sua colónia, trepe a vegetação e se prenda a uma folha ou a um ramo antes de morrer. O fungo cresce então a partir do corpo da formiga, libertando esporos para infetar outras formigas.
- **Exemplo**: **Ophiocordyceps unilateralis** é um fungo parasita bem conhecido que infecta as formigas **Camponotini** nas florestas tropicais, afectando o seu comportamento e levando-as à morte em locais favoráveis ao crescimento do fungo.

6. Interações anti-humanas

As formigas interagem com os seres humanos de várias formas, tanto benéficas como problemáticas. Enquanto algumas formigas desempenham um papel na agricultura e no controlo de pragas, outras podem tornar-se elas próprias pragas invasivas.

6.1. Benefícios agrícolas

- **Descrição**: Na agricultura, as formigas podem ser benéficas, actuando como controladores naturais de pragas. Alimentam-se de pragas agrícolas como lagartas, pulgões e gorgulhos, reduzindo a necessidade de pesticidas químicos.
- **Exemplo**: Na China, **as Oecophylla smaragdina** (formigas tecelãs) são utilizadas nos pomares de citrinos para controlar as pragas de insectos, aumentando o rendimento das culturas sem necessidade de intervenções químicas.

6.2. Espécies de formigas invasoras

- **Descrição**: Algumas espécies de formigas, como a **formiga-de-fogo-vermelha-importada** (*Solenopsis invicta*), tornaram-se invasoras em muitas partes do mundo, perturbando os ecossistemas locais e causando problemas aos seres humanos, incluindo picadas dolorosas e danos na agricultura.
- **Exemplo**: **A Solenopsis invicta** espalhou-se pelo sul dos Estados Unidos, ultrapassando as formigas nativas e tornando-se uma grande praga devido ao seu comportamento agressivo e picadas dolorosas.

Conclusão

As formigas envolvem-se numa vasta gama de interações com plantas, fungos, insectos, vertebrados e até com os seres humanos, influenciando os ecossistemas a vários níveis. Seja através de relações mutualistas, comportamento predatório ou parasitismo, as formigas moldam a sobrevivência e o comportamento de outros organismos, desempenhando um papel central na manutenção do equilíbrio ecológico. Estas interações complexas realçam os diversos papéis ecológicos que as formigas desempenham nos seus ambientes.

Capítulo 6: Ecologia comportamental das formigas

6.1 Mecanismos de defesa das formigas

As formigas são conhecidas pelos seus mecanismos de defesa altamente evoluídos e diversificados, que lhes permitem protegerem-se a si próprias, às suas colónias e aos seus recursos contra predadores e outras ameaças. Estas estratégias de defesa incluem adaptações físicas, químicas e comportamentais que fizeram das formigas um dos grupos de insectos mais bem sucedidos e resistentes do mundo. As formigas utilizam estratégias colectivas, comunicação avançada e funções especializadas dentro das suas colónias para se defenderem dos inimigos e protegerem os seus ninhos.

1. Defesa química

Uma das estratégias de defesa mais notáveis empregues pelas formigas é a utilização de substâncias químicas. Estas substâncias químicas têm várias finalidades, como repelir predadores, incapacitar presas ou sinalizar para outras formigas.

1.1. Veneno e ferrões

- **Descrição**: Muitas formigas possuem veneno, que podem injetar através de um ferrão para se defenderem de predadores ou concorrentes. O veneno pode causar dor, paralisia ou morte no alvo, dependendo da espécie.
- **Exemplo**: **A Solenopsis invicta** (formiga-de-fogo vermelha importada) dá uma picada dolorosa que contém um veneno alcaloide, que pode causar uma sensação de queimadura intensa. Estas formigas são muito agressivas e, quando ameaçadas, formam enxames em massa.

1.2. Pulverização com ácido fórmico

- **Descrição**: Algumas formigas, particularmente as do género **Formica**, pulverizam ácido fórmico como defesa química. O ácido pode irritar ou ferir os predadores e dissuadir os atacantes.
- **Exemplo**: **A Formica rufa** (formiga da madeira) é conhecida pela sua capacidade de pulverizar ácido fórmico a partir do seu abdómen, que utiliza para defender o ninho contra predadores e intrusos.

1.3. Glândulas venenosas

- **Descrição**: As formigas podem segregar substâncias tóxicas a partir de glândulas especializadas para dissuadir predadores ou imobilizar presas. Estas substâncias químicas têm frequentemente um duplo objetivo de defesa e de ataque.
- **Exemplo**: **Os camponotus** (formigas carpinteiras) segregam substâncias químicas tóxicas das suas glândulas mandibulares, que pulverizam contra as ameaças, especialmente para defender os seus ninhos.

2. Defesa física

As formigas utilizam uma variedade de adaptações físicas para se protegerem a si próprias e às suas colónias. Estas adaptações podem incluir mandíbulas poderosas, exoesqueletos fortes e estruturas corporais especializadas concebidas para a defesa.

2.1. Mandíbulas (Mordedura)

- **Descrição**: As formigas usam as suas poderosas mandíbulas para morder e esmagar potenciais ameaças. Algumas espécies têm formigas soldado com mandíbulas de grandes dimensões especificamente desenvolvidas para a defesa.
- **Exemplo**: As formigas **feidole** têm uma casta distinta de soldados com grandes mandíbulas, que utilizam para morder e afastar predadores ou formigas rivais.

2.2. Exosqueleto rígido

- **Descrição**: As formigas possuem um exoesqueleto resistente feito de quitina, que oferece proteção contra ataques físicos e factores de stress ambiental. Este revestimento semelhante a uma armadura ajuda a evitar ferimentos causados por predadores e outros perigos.
- **Exemplo**: A **formiga-bala** (*Paraponera clavata*) tem um exoesqueleto espesso que a ajuda a proteger-se dos ataques dos predadores, enquanto o seu ferrão doloroso serve como defesa adicional.

2.3. Camuflagem e mimetismo morfológico

- **Descrição**: Algumas formigas usam a camuflagem ou o mimetismo como mecanismo de defesa física para evitar a deteção por predadores. Isto pode envolver a semelhança com outras espécies mais perigosas ou pouco apetitosas.
- **Exemplo**: As **Cephalotes** (formigas-tartaruga) têm cabeças achatadas que podem ser usadas para bloquear as entradas dos seus ninhos, protegendo a colónia ao impedir fisicamente a entrada de intrusos.

3. Defesa comportamental

As adaptações comportamentais são outro aspeto fundamental das estratégias de defesa das formigas. Estas podem incluir comportamentos de grupo, sinalização de alarme e tácticas específicas de defesa do ninho.

3.1. Feromonas de alarme e comunicação

- **Descrição**: As formigas comunicam através de feromonas e libertam feromonas de alarme para alertar os membros da colónia de uma ameaça iminente. Isto desencadeia uma resposta coordenada, muitas vezes envolvendo um enxame de formigas que atacam o intruso.
- **Exemplo**: As formigas **Lasius** libertam feromonas de alarme quando o seu ninho é ameaçado, fazendo com que centenas de operárias convirjam rapidamente para o atacante, esmagando-o através do seu número.

3.2. Enxameamento defensivo

- **Descrição**: As formigas dependem do seu número para proteger a colónia. Quando ameaçadas, elas enxameiam o intruso, usando uma combinação de mordidelas, ferrões e defesas químicas para afastar a ameaça.
- **Exemplo**: **As Eciton** (formigas do exército) são conhecidas pelo seu comportamento agressivo de defesa. Quando o seu enxame é atacado, todo o grupo de formigas converge para o predador, esmagando-o com força total.

3.3. Proteção dos ninhos

- **Descrição**: Muitas espécies de formigas colocam guardas à entrada dos seus ninhos para impedir a entrada de intrusos. Estes guardas são frequentemente formigas operárias maiores ou formigas-soldado equipadas com mandíbulas poderosas.
- **Exemplo**: **As Oecophylla smaragdina** (formigas tecelãs) são altamente territoriais e guardam agressivamente os seus ninhos arbóreos. As suas obreiras atacam qualquer invasor que se aproxime, mordendo e pulverizando ácido fórmico.

3.4. Defesa de sacrifício

- **Descrição**: Em casos extremos, algumas formigas sacrificam-se para proteger a colónia. Isto pode envolver o bloqueio de entradas com os seus corpos ou a explosão dos seus próprios corpos para libertar químicos tóxicos.
- **Exemplo**: **As Camponotus saundersi** (formigas explosivas) rompem o seu próprio corpo quando ameaçadas, libertando uma substância pegajosa e tóxica que pode matar ou imobilizar os intrusos.

4. Mimetismo e engano

Algumas formigas utilizam o mimetismo ou comportamentos enganadores como estratégia de defesa, quer misturando-se com o seu ambiente, quer imitando espécies mais perigosas para evitar a predação.

4.1. Mimetismo Batesiano

- **Descrição**: Certas espécies de formigas imitam a aparência ou o comportamento de insectos mais perigosos para afastar os predadores. Este tipo de mimetismo é conhecido como **mimetismo Batesiano**, em que uma espécie inofensiva imita uma espécie nociva.
- **Exemplo**: **As Myrmarachne** (aranhas que imitam as formigas) assemelham-se às formigas e movem-se frequentemente de forma semelhante. Este mimetismo protege-as dos predadores que evitam as formigas devido às suas picadas dolorosas ou ao seu comportamento agressivo.

4.2. Camuflagem química

- **Descrição**: Algumas espécies de formigas ou os seus simbiontes usam camuflagem química para esconder o seu cheiro de predadores ou formigas rivais. Isto permite-lhes infiltrar-se noutras colónias ou evitar serem atacadas.

- **Exemplo**: Espécies de formigas parasitas como **a Polyergus** utilizam o mimetismo químico para se misturarem com as suas colónias hospedeiras. Produzem feromonas semelhantes às das formigas hospedeiras, evitando a sua deteção enquanto invadem o ninho.

5. Guerra formiga-formiga

Em muitos casos, as formigas enfrentam ameaças não só de predadores mas também de outras colónias de formigas. As disputas territoriais e a competição pelos recursos conduzem frequentemente a conflitos violentos entre colónias.

5.1. Defesa territorial

- **Descrição**: As colónias de formigas são frequentemente muito territoriais e defenderão agressivamente o seu território de outras colónias de formigas. Isto pode envolver batalhas em grande escala onde milhares de formigas de ambos os lados lutam pelo domínio.
- **Exemplo**: **As Linepithema humile** (formigas argentinas) envolvem-se em batalhas territoriais agressivas com outras colónias de formigas, eliminando frequentemente espécies de formigas nativas e estabelecendo o domínio em ambientes urbanos e naturais.

5.2. Pilhagem e fabrico de escravos

- **Descrição**: Algumas espécies de formigas atacam outras colónias para capturar crias (ovos, larvas e pupas) e transformá-las em trabalhadores escravos. Estas incursões são altamente organizadas e envolvem estratégias sofisticadas para ultrapassar as defesas das colónias rivais.
- **Exemplo**: **As Polyergus** (formigas amazonas) atacam colónias de formigas **fórmicas**, capturando a sua ninhada e criando-as como trabalhadoras dentro da sua própria colónia. As formigas invadidas tornam-se uma força de trabalho essencial para a colónia parasita.

Conclusão

Os mecanismos de defesa das formigas são diversos e altamente evoluídos, permitindo-lhes sobreviver e prosperar em vários ambientes. Desde defesas químicas, como o veneno e o ácido fórmico, até estratégias comportamentais complexas, como a enxameação e a sinalização de alarme, as formigas desenvolveram uma vasta gama de tácticas para proteger as suas colónias de predadores, formigas rivais e outras ameaças. Estas adaptações fizeram das formigas um dos grupos de insectos mais bem sucedidos e dominantes em todo o mundo.

6.2 Dinâmica das colónias: Locais de nidificação e estrutura arquitetónica das formigas

As formigas são criaturas altamente adaptáveis que constroem ninhos numa variedade de ambientes, utilizando diversas estratégias arquitectónicas que reflectem as suas necessidades ecológicas. A localização e a estrutura de um ninho de formigas dependem da espécie, de factores ambientais e do tamanho da colónia. De intrincados túneis subterrâneos a ninhos arbóreos em árvores, as formigas desenvolveram formas complexas e eficientes de criar casas que protegem as suas colónias, regulam a temperatura e apoiam a sua divisão de trabalho.

1. Tipos de locais de nidificação

As formigas podem ser encontradas a nidificar em vários ambientes, incluindo no subsolo, em árvores, debaixo de pedras ou mesmo dentro de estruturas feitas pelo homem. A escolha do local de nidificação é determinada pela espécie de formiga e pelas necessidades específicas da colónia.

1.1. Ninhos subterrâneos

- **Descrição**: Muitas espécies de formigas constroem os seus ninhos no solo, criando complexos sistemas de túneis e câmaras que albergam diferentes partes da colónia, incluindo a rainha, a ninhada e as operárias.
- **Estrutura**: Estes ninhos têm frequentemente várias câmaras ligadas por túneis. As câmaras podem ser designadas para tarefas específicas, como a criação da ninhada, o armazenamento de alimentos ou o alojamento da rainha. A arquitetura ajuda a regular a temperatura e a humidade, o que é crucial para a sobrevivência da colónia.

- **Exemplo**: As formigas **Formica** e **Lasius** constroem ninhos subterrâneos elaborados com várias entradas, câmaras e túneis. Estes ninhos podem estender-se por vários metros de profundidade no solo, dependendo do tipo de solo e das condições ambientais.

1.2. Ninhos arbóreos

- **Descrição**: Algumas espécies de formigas constroem os seus ninhos nas árvores, quer em espaços ocos como a madeira morta, quer construindo ninhos suspensos utilizando materiais orgânicos como folhas e seda.
- **Estrutura**: Os ninhos arborícolas são muitas vezes leves mas resistentes, concebidos para serem fixados nos ramos ou nas fendas das árvores. Algumas espécies utilizam mesmo a seda produzida pelas suas larvas para unir folhas ou outros materiais para formar ninhos.

- **Exemplo**: **As Oecophylla smaragdina** (formigas tecelãs) constroem grandes ninhos puxando folhas e ligando-as com seda produzida pelas suas larvas. Estes ninhos ficam suspensos na copa das árvores e servem de reduto para a colónia.

1.3. Nidificação em madeira

- **Descrição**: Muitas formigas fazem os seus ninhos em madeira morta ou em decomposição, escavando túneis e câmaras dentro de árvores ou troncos caídos. As formigas-carpinteiras, em particular, são conhecidas pelo seu comportamento de nidificação na madeira.
- **Estrutura**: Estes ninhos são normalmente feitos escavando a madeira, criando túneis e câmaras que estão ligados ao longo da estrutura. As formigas-carpinteiras não consomem a madeira, mas escavam-na para criar espaços de habitação.

- **Exemplo**: **As Camponotus** (formigas carpinteiras) são famosas por construírem ninhos em madeira apodrecida ou oca. Os seus ninhos consistem em galerias lisas e extensas que são estruturalmente eficientes e fornecem abrigo para a colónia.

1.4. Debaixo de pedras ou de folhagem

- **Descrição**: Algumas espécies de formigas preferem nidificar debaixo de pedras, troncos ou folhagem densa, onde podem tirar partido da cobertura natural proporcionada pelo ambiente.
- **Estrutura**: Os ninhos nestas áreas são frequentemente mais simples do que os ninhos subterrâneos, com menos câmaras e túneis mais curtos. A cobertura natural proporcionada por rochas ou folhagem ajuda a proteger o ninho de predadores e de condições climatéricas extremas.
- **Exemplo**: As formigas **Myrmica** fazem frequentemente os seus ninhos debaixo de pedras ou em folhas. Estes ninhos são relativamente pequenos mas estão bem protegidos dos predadores e das condições ambientais adversas.

1.5. Ninhos em estruturas artificiais

- **Descrição**: Algumas formigas são altamente adaptáveis e fazem ninhos em ambientes criados pelo homem, como edifícios, paredes ou equipamento elétrico. Estes ninhos podem ser problemáticos, especialmente quando as formigas se tornam invasoras.
- **Estrutura**: Os ninhos em edifícios são normalmente construídos em espaços escondidos, como cavidades nas paredes, entre tábuas do chão ou dentro de tomadas eléctricas. A estrutura destes ninhos pode variar, mas é tipicamente oportunista, utilizando os espaços disponíveis sem modificações significativas.
- **Exemplo**: **As Monomorium pharaonis** (formigas-faraó) são conhecidas por nidificarem em edifícios, onde exploram fendas, fissuras e pequenas cavidades nas paredes e no chão para estabelecerem colónias.

2. Estruturas arquitectónicas dos ninhos de formigas

Os ninhos de formigas são maravilhas da engenharia, concebidos para satisfazer as necessidades da colónia, garantindo simultaneamente a sua segurança e eficiência. A estrutura de um ninho é altamente organizada, apresentando frequentemente câmaras e túneis especializados para diferentes funções.

2.1. Câmaras e túneis

- **Descrição**: Os ninhos de formigas são constituídos por uma rede de túneis que ligam várias câmaras, cada uma delas designada para fins específicos, como o alojamento da rainha, o armazenamento de alimentos ou a criação da ninhada.
- **Estrutura**: Os principais componentes de um ninho de formigas incluem:
    - **Câmaras de criação**: Onde são guardados os ovos, as larvas e as pupas. Estas câmaras estão frequentemente localizadas nas profundezas do ninho para as proteger das flutuações ambientais e dos predadores.

- **Quarto da rainha**: Uma câmara segura onde reside a rainha. É frequentemente a parte maior e mais protegida do ninho.
- **Câmaras de armazenamento de alimentos**: Utilizadas para armazenar recursos alimentares, como sementes ou presas.
- **Câmaras de dejectos**: Algumas formigas designam câmaras específicas para a eliminação de resíduos, ajudando a manter a higiene dentro do ninho.

- **Exemplo**: **As Pogonomyrmex** (formigas ceifeiras) constroem intrincados ninhos subterrâneos com várias câmaras para armazenamento de alimentos, criação de crias e residência da rainha. Os seus ninhos podem ter até 20 câmaras, organizadas numa estrutura vertical.

2.2. Ventilação e controlo da temperatura

- **Descrição**: Os ninhos de formigas são concebidos para regular a temperatura e a humidade internas, assegurando condições óptimas para a sobrevivência da colónia. Algumas espécies criam ninhos com sistemas de ventilação complexos que permitem o fluxo de ar, mantendo as condições estáveis no interior.
- **Estrutura**: Os poços de ventilação, as paredes porosas e as configurações específicas dos túneis ajudam a circular o ar e a regular a temperatura. Em ambientes quentes, os ninhos são frequentemente construídos no subsolo para evitar o calor, enquanto que em climas mais frios, os ninhos podem estar localizados mais perto da superfície para tirar partido do calor do sol.

- **Exemplo**: **As atta** (formigas cortadeiras) constroem ninhos enormes que incluem sistemas de ventilação para controlar a humidade e a temperatura. Os seus ninhos podem estender-se por vários metros debaixo da terra e apresentam grandes aberturas para facilitar o fluxo de ar.

2.3. Construção de montes

- **Descrição**: Algumas formigas constroem montes acima do solo, muitas vezes como uma extensão dos seus ninhos subterrâneos. Estes montes servem de proteção adicional e ajudam a regular o ambiente interno do ninho, capturando calor ou proporcionando ventilação.
- **Estrutura**: Os montes são normalmente construídos com terra, areia ou material vegetal. O tamanho e a forma do monte podem variar muito consoante a espécie, desde pequenos montes simples até estruturas maciças e complexas.

- **Exemplo**: **As Formica rufa** (formigas da madeira) constroem grandes montes de terra, material vegetal e detritos. Estes montes podem atingir mais de um metro de altura e são utilizados para regular a temperatura e proteger a colónia dos predadores e do stress ambiental.

2.4. Flexibilidade arquitetónica

- **Descrição**: Muitas espécies de formigas adaptam a arquitetura dos seus ninhos ao ambiente específico ou aos recursos disponíveis. Esta flexibilidade permite às formigas prosperar em diversos habitats, desde desertos a florestas tropicais e ambientes urbanos.

- **Exemplo**: **As Solenopsis invicta** (formigas-de-fogo vermelhas importadas) são conhecidas pela sua capacidade de adaptação. Em zonas propensas a inundações, formam "jangadas" com os seus corpos para proteger a rainha e a ninhada, flutuando na água até encontrarem um local de nidificação adequado.

3. Comportamentos notáveis dos ninhos de formigas

As formigas desenvolveram comportamentos únicos relacionados com a construção de ninhos, que podem variar significativamente consoante as espécies.

3.1. Construção cooperativa de ninhos

- **Descrição**: As formigas trabalham em conjunto para construir e manter os seus ninhos, muitas vezes coordenando grandes grupos de trabalhadores para realizar tarefas complexas. Este comportamento cooperativo garante a eficiência e a durabilidade da estrutura do ninho.
- **Exemplo**: As formigas tecelãs **Oecophylla** colaboram para juntar folhas, usando as suas larvas para produzir seda que une as folhas num ninho coeso.

3.2. Relocalização dos ninhos

- **Descrição**: Algumas espécies de formigas mudam frequentemente os seus ninhos para novos locais, seja para evitar ameaças, explorar novos recursos ou escapar a alterações ambientais.
- **Exemplo**: As formigas **Temnothorax** são conhecidas pelo seu comportamento de nidificação nómada, mudando regularmente as suas pequenas colónias para novas fendas ou cavidades quando o ninho atual se torna inadequado.

Conclusão

Os locais de nidificação e as estruturas arquitectónicas das formigas são um testemunho da sua adaptabilidade e complexidade organizacional. Quer escavando profundamente no solo, construindo ninhos suspensos em árvores ou escavando túneis em madeira em decomposição, as formigas demonstram um engenho notável na construção de casas que satisfazem as necessidades das suas colónias. Estes ninhos não só servem de proteção, como também reflectem a capacidade das formigas para regular a temperatura, armazenar alimentos e gerir eficazmente a sua estrutura social. A diversidade dos ninhos de formigas é um fator chave para o seu sucesso ecológico numa grande variedade de ambientes.

6.3 Migração sazonal e relocalização de colónias em formigas

As formigas são incrivelmente adaptáveis, com algumas espécies a apresentarem comportamentos como a migração sazonal ou a deslocação da colónia para fazer face a alterações ambientais ou à disponibilidade de recursos. Estes movimentos podem ser desencadeados por condições meteorológicas, escassez de alimentos ou ameaças à colónia. As formigas que se deslocam ou migram fazem-no de forma organizada e cooperativa, com operárias, rainhas, crias e reservas de alimentos a desempenharem papéis essenciais no processo.

1. Migração sazonal nas formigas

Embora a maioria das formigas não faça migrações de longa distância como as aves ou os mamíferos, algumas espécies apresentam movimentos sazonais, muitas vezes motivados por factores ambientais como a temperatura e a disponibilidade de alimentos. Estas migrações ajudam as formigas a otimizar as suas condições de vida e a garantir a sobrevivência da colónia.

1.1. Porque é que as formigas migram sazonalmente

- **Flutuações de temperatura**: Algumas espécies de formigas são sensíveis às mudanças de temperatura, o que as leva a deslocarem-se durante os meses mais frios ou mais quentes para regularem o seu ambiente.
- **Disponibilidade de alimentos**: Em regiões com mudanças sazonais na oferta de alimentos, as formigas podem migrar para novas áreas onde os alimentos são mais abundantes.
- **Níveis de humidade**: As formigas que vivem em ambientes áridos ou semi-áridos podem migrar para seguir fontes de água ou deslocar-se para áreas com maior humidade durante as estações secas.

1.2. Espécies de formigas migratórias

- **Exemplo**: As **Eciton** (formigas do exército) são um dos exemplos mais conhecidos de formigas migratórias. Estas formigas não têm ninhos permanentes e são nómadas, deslocando-se constantemente em busca de alimento. Durante as estações secas, migram para áreas com mais presas, levando toda a sua colónia, incluindo as obreiras, a ninhada e a rainha, numa grande procissão.
  - **Comportamento**: As formigas do exército deslocam-se em colunas maciças, caçando em massa e deixando um rasto de destruição. Instalam bivouacs temporários (ninhos vivos formados pelas próprias formigas) e mudam-se regularmente à medida que esgotam as populações locais de presas.
- **Exemplo**: As formigas **Cataglyphis**, encontradas em regiões desérticas, são conhecidas pela sua tolerância térmica e podem migrar para evitar o calor extremo. Estas formigas podem ajustar sazonalmente a localização dos seus ninhos para escapar às temperaturas intensas do deserto.

1.3. Impacto da migração sazonal

- **Influência no ecossistema**: As espécies de formigas migratórias podem ter efeitos significativos nos seus ecossistemas, nomeadamente através da predação e da competição. Ao deslocarem-se para novas áreas, podem alterar as populações locais de presas ou competir com as espécies residentes pelos recursos.

- **Estratégia de sobrevivência**: A migração sazonal permite que as formigas mantenham um fornecimento contínuo de alimentos e evitem condições ambientais adversas que possam ameaçar a sobrevivência da colónia.

2. Deslocação de colónias em formigas

Para além da migração sazonal, muitas espécies de formigas deslocam as suas colónias por várias razões. Este comportamento pode ser despoletado por ameaças imediatas, esgotamento de recursos ou alterações das condições ambientais.

2.1. Razões para a relocalização das colónias

- **Esgotamento de recursos**: Quando as fontes de alimento ou água à volta de um ninho se esgotam, as formigas podem deslocar-se para um novo local onde os recursos são mais abundantes.
- **Ameaças de Predadores ou Concorrentes**: A presença de predadores, formigas parasitas ou colónias rivais agressivas pode levar as formigas a mudarem de local.
- **Stress ambiental**: As alterações no ambiente local, como inundações, secas ou temperaturas extremas, podem obrigar as formigas a deslocar as suas colónias para áreas mais seguras ou mais favoráveis.
- **Deterioração do ninho**: Nalguns casos, os ninhos podem ficar estruturalmente comprometidos ou pouco higiénicos, levando as formigas a procurar uma casa mais segura.

2.2. Processo de relocalização das colónias

- **Procura e seleção do local**: Antes da deslocação, são enviados batedores para encontrar um novo local de nidificação adequado. Estes batedores avaliam factores como a temperatura, a segurança e a proximidade de fontes de alimento e água. Uma vez encontrado um novo local, a colónia é alertada.
- **Trilhos de feromonas**: As formigas utilizam os rastos de feromonas para guiar o resto da colónia para o novo local. Estes sinais químicos ajudam a garantir que todos os membros da colónia, incluindo as obreiras, a rainha e a ninhada, seguem o caminho correto.
- **Transporte da rainha e da criação**: As formigas operárias transportam cuidadosamente a rainha e a ninhada (ovos, larvas e pupas) para o novo ninho. A rainha é normalmente a mais protegida durante este processo, uma vez que a sua sobrevivência é essencial para a continuação da colónia.
- **Movimento organizado**: As formigas deslocam-se de forma organizada, muitas vezes formando longas filas à medida que transportam a ninhada, os alimentos e até os membros feridos ou mais fracos da colónia para o novo ninho.

2.3. Espécies de formigas conhecidas pela relocalização de colónias

- **Exemplo**: As formigas **Temnothorax** são conhecidas pelas suas frequentes mudanças de colónia. Fazem frequentemente os seus ninhos em pequenas cavidades, como bolotas ocas ou fendas de rocha, e mudam-se se o ninho atual se tornar inadequado. Estas formigas são altamente selectivas, com batedores que avaliam cuidadosamente os potenciais novos locais.

- **Exemplo**: **Aphaenogaster senilis**, uma espécie de formiga mediterrânica, é outra que se deslocaliza frequentemente. Mudam o seu ninho quando confrontadas com pressões ambientais, como inundações ou alterações de temperatura. As formigas transportam eficazmente a criação e a rainha para um novo local, garantindo a sobrevivência da colónia.

3. Comportamentos adaptativos na relocalização

As formigas desenvolveram comportamentos específicos para garantir o sucesso das suas migrações ou deslocalizações, que envolvem comunicação e cooperação avançadas.

3.1. Corrida em tandem

- **Descrição**: A corrida em tandem é um comportamento em que uma formiga experiente conduz outra formiga a um novo local de nidificação. A seguidora toca na líder com as suas antenas, assegurando que se mantêm no caminho certo.
- **Objetivo**: Este método ajuda a recrutar formigas para o novo local, especialmente em colónias mais pequenas onde os rastos de feromonas podem ser insuficientes.
- **Exemplo**: **A Temnothorax albipennis** utiliza a corrida em tandem para guiar outras formigas para um novo local de nidificação. A formiga líder espera que a seguidora a alcance antes de continuar, garantindo o sucesso do recrutamento.

3.2. Recrutamento com base em feromonas

- **Descrição**: Em colónias maiores, as formigas dependem fortemente das feromonas para coordenar a mudança de local. As formigas batedoras deixam um rasto de feromonas do antigo ninho para o novo local, permitindo que as outras operárias sigam o caminho.
- **Objetivo**: Este sistema de comunicação assegura que todos os membros da colónia, incluindo a rainha e a criação, possam ser conduzidos em segurança para o novo local.
- **Exemplo**: **As Monomorium pharaonis** (formigas-faraó) utilizam extensivamente os rastos de feromonas durante a mudança de colónia, uma vez que as suas grandes colónias poligínicas requerem uma coordenação eficiente durante o movimento.

4. Impacto ambiental e ecológico da migração e da relocalização

Os comportamentos de migração e relocalização das formigas podem ter um impacto profundo nos seus ambientes e noutras espécies dos seus ecossistemas.

4.1. Concorrência de recursos

- **Descrição**: Quando as formigas se deslocam ou migram para novas áreas, podem competir com as espécies nativas por alimento e locais de nidificação. Isto pode levar a alterações na biodiversidade local.

- **Exemplo**: A agressiva **Linepithema humile** (formiga argentina) é conhecida por se deslocar e expandir rapidamente o seu território, deslocando frequentemente espécies nativas de formigas e outros insectos.

4.2. Efeitos no solo e na vegetação

- **Descrição**: As formigas que constroem novos ninhos, especialmente aquelas que envolvem escavações em grande escala (como as espécies construtoras de montículos), podem alterar a estrutura física do solo e afetar os padrões de vegetação.
- **Exemplo**: As formigas cortadeiras limpam grandes áreas de vegetação à volta dos seus ninhos para fornecer material foliar para os seus jardins de fungos. Este comportamento pode levar à desflorestação em algumas áreas.

4.3. Engenheiros de ecossistemas

- **Descrição**: Algumas formigas são consideradas engenheiras do ecossistema porque os seus comportamentos de nidificação e migração contribuem para a modificação do ambiente. Podem melhorar o arejamento do solo, o ciclo de nutrientes e até criar microhabitats para outras espécies.
- **Exemplo**: **As Pogonomyrmex** (formigas colhedoras) desempenham um papel importante na dispersão de sementes e no enriquecimento do solo. Quando deslocam as suas colónias, transportam e enterram sementes, o que pode contribuir para a diversidade vegetal na zona.

Conclusão

A migração sazonal e a deslocalização das colónias são estratégias de sobrevivência cruciais para as formigas. Quer se desloquem em resposta à escassez de alimentos, a alterações ambientais ou a ameaças, as formigas demonstram uma coordenação e uma adaptabilidade notáveis. Através de sistemas de comunicação avançados, comportamentos de reconhecimento e utilização de feromonas, asseguram a deslocação segura e eficiente das suas colónias. Estes movimentos não só afectam as próprias formigas, como também podem influenciar os ecossistemas que habitam, tornando as formigas intervenientes fundamentais tanto na dinâmica ecológica local como na mais vasta.

Capítulo 7: Habitat e preferência alimentar das formigas

As formigas são insectos altamente adaptáveis com diversas preferências de habitat e comportamentos alimentares. A sua capacidade de ocupar vários nichos ecológicos e de ajustar as suas dietas permite-lhes prosperar numa vasta gama de ambientes. O habitat e as preferências alimentares das formigas estão intimamente ligados, com o seu papel ecológico a influenciar frequentemente a estrutura e a função dos ecossistemas que habitam.

7.1 Preferências de habitat das formigas

As formigas podem ser encontradas em quase todos os ambientes terrestres, desde florestas tropicais e desertos a zonas urbanas. A escolha do seu habitat é influenciada por factores como a humidade, a temperatura e a disponibilidade de recursos.

1. Habitats florestais

- **Descrição**: As florestas proporcionam um ambiente rico e diversificado para as formigas, oferecendo abundantes fontes de alimento, abrigo e locais de nidificação.
- **Tipos**:
    - **Florestas tropicais**: Lar de uma vasta diversidade de espécies de formigas, incluindo **Atta** (formigas cortadeiras) e **Camponotus** (formigas carpinteiras), que constroem ninhos em árvores ou no chão da floresta.
    - **Florestas temperadas**: Espécies como as formigas **Formica** e **Lasius** estabelecem ninhos no solo ou na madeira em decomposição.
- **Caraterísticas**: A humidade elevada, as temperaturas constantes e a vegetação diversificada criam condições ideais para muitas espécies de formigas.

2. Habitats do deserto

- **Descrição**: Os desertos apresentam condições difíceis, com temperaturas extremas e disponibilidade limitada de água, mas algumas espécies de formigas adaptaram-se a estes desafios.
- **Tipos**:
    - **Desertos áridos**: As formigas **Cataglyphis** são conhecidas pela sua capacidade de navegar e procurar alimento em condições de calor extremo, com ninhos frequentemente localizados debaixo de rochas ou em áreas sombreadas.
    - **Áreas Semi-Áridas**: **As Myrmecocystus** (formigas melíferas) constroem ninhos no solo com câmaras que podem armazenar néctar para épocas de escassez.
- **Caraterísticas**: As formigas dos desertos têm adaptações para conservar a humidade e evitar o calor, como a procura nocturna de alimentos ou a utilização de materiais isolantes nos ninhos.

3. Prados e savanas

- **Descrição**: Estes habitats oferecem uma mistura de espaços abertos e vegetação dispersa, suportando várias espécies de formigas com diferentes comportamentos de nidificação e forrageamento.
- **Tipos**:
    - **Pradarias e prados**: **As Pogonomyrmex** (formigas colhedoras) criam grandes ninhos subterrâneos e procuram sementes e outros materiais vegetais.
    - **Savanas**: As formigas **Dorymyrmex** constroem frequentemente os seus ninhos em solos arenosos, onde podem caçar eficazmente insectos e outras pequenas presas.
- **Caraterísticas**: Estes habitats proporcionam um equilíbrio entre terreno aberto e vegetação, permitindo que as formigas explorem tanto os recursos vegetais como os insectos.

4. Ambientes urbanos e criados pelo homem

- **Descrição**: As formigas adaptaram-se às áreas urbanas, encontrando nichos em edifícios, parques e outras estruturas feitas pelo homem.
- **Tipos**:
    - **Edifícios e infra-estruturas**: **As Monomorium pharaonis** (formigas-faraó) são comuns em edifícios, nidificando em fendas e fissuras e procurando alimentos em cozinhas e áreas de armazenamento.
    - **Parques e jardins**: **Lasius niger** (formigas pretas de jardim) estabelecem ninhos no solo e alimentam-se de plantas e matéria orgânica.
- **Caraterísticas**: Os ambientes urbanos oferecem oportunidades de alimentação e de nidificação, embora possam ser menos estáveis e mais variáveis em comparação com os habitats naturais.

5. Zonas aquáticas e ribeirinhas

- **Descrição**: Algumas formigas estão adaptadas a viver em áreas próximas da água, incluindo margens de rios, zonas húmidas e planícies aluviais.
- **Tipos**:
    - **Zonas ribeirinhas**: As formigas-formigas podem construir ninhos no solo húmido ao longo das margens dos rios, onde podem aceder a recursos terrestres e aquáticos.
    - **Planícies de inundação**: **As Oecophylla** (formigas tecelãs) constroem os seus ninhos nas árvores que se encontram sobre a água, aproveitando a abundância de recursos alimentares nestas zonas.
- **Caraterísticas**: Estes habitats proporcionam um elevado nível de humidade e uma mistura de recursos aquáticos e terrestres.

7.2 Preferências alimentares das formigas

As formigas apresentam uma grande variedade de comportamentos alimentares, desde a herbivoria à predação, dependendo da sua espécie e habitat. As suas dietas podem incluir material vegetal, insectos, fungos e até outras formigas.

1. Formigas herbívoras e fitófagas

- **Descrição**: Algumas formigas alimentam-se principalmente de material vegetal, incluindo néctar, sementes e outras substâncias de origem vegetal.
- **Tipos**:
    - **Colhedoras de sementes**: **As Pogonomyrmex** (formigas colhedoras) recolhem e armazenam sementes, que servem como uma importante fonte de alimento para as suas colónias.
    - **Alimentam-se de néctar**: As formigas cortadeiras recolhem o néctar das plantas e das árvores, complementando a sua dieta com material vegetal e fungos.
- **Caraterísticas**: As formigas herbívoras têm frequentemente adaptações especializadas para a recolha e processamento de material vegetal, tais como mandíbulas fortes para a colheita de sementes.

2. Formigas carnívoras e predadoras

- **Descrição**: Muitas formigas são predadoras ou necrófagas, alimentando-se de insectos, aranhas e outros pequenos invertebrados.
- **Tipos**:
    - **Predadores activos**: **As Eciton** (formigas do exército) são conhecidas pela sua predação agressiva, formando grandes grupos de ataque para capturar e consumir uma grande variedade de presas.
    - **Apanhadoras**: As formigas-formigas procuram insectos mortos e outra matéria orgânica, desempenhando um papel na decomposição e no ciclo de nutrientes.
- **Caraterísticas**: As formigas carnívoras têm muitas vezes adaptações para caçar ou necrófagos, tais como mandíbulas poderosas e comportamentos especializados de procura de alimentos.

3. Formigas Fungívoras

- **Descrição**: Algumas formigas cultivam e consomem fungos, criando relações mutualistas com os seus parceiros fúngicos.
- **Tipos**:
    - **Formigas cortadeiras**: As formigas **Atta** e **Acromyrmex** cortam e transportam folhas para os seus ninhos, onde as utilizam como substrato para o crescimento dos seus jardins de fungos.

- **Formigas cultivadoras de fungos**: **As Xylocopini** (formigas cultivadoras de fungos) mantêm complexos jardins de fungos que constituem a sua principal fonte de alimento.

- **Caraterísticas**: As formigas fungívoras desenvolveram comportamentos especializados para cultivar e gerir fungos, incluindo estruturas complexas de ninhos e cuidados meticulosos com os jardins de fungos.

4. Formigas omnívoras

- **Descrição**: Muitas formigas são omnívoras, alimentando-se de uma combinação de material vegetal, insectos e outros recursos disponíveis.
- **Tipos**:
    - **Generalistas**: As formigas **Lasius** têm uma dieta variada que inclui tanto material vegetal como pequenos insectos. Adaptam as suas estratégias de procura de alimentos em função da disponibilidade sazonal e das condições ambientais.
    - **Oportunistas**: As formigas **Camponotus** exploram uma grande variedade de fontes de alimento, incluindo néctar, insectos e melada de afídeos.
- **Caraterísticas**: As formigas omnívoras têm hábitos alimentares flexíveis, o que lhes permite adaptarem-se a alterações na disponibilidade de recursos e nas condições ambientais.

5. Alimentadores especializados

- **Descrição**: Algumas formigas têm dietas altamente especializadas e comportamentos alimentares adaptados a recursos específicos ou nichos ecológicos.
- **Tipos**:
    - **Agricultores de pulgões**: As formigas **Lasius** e **Formica** protegem e cultivam os pulgões para obter a sua melada, uma secreção açucarada que serve como fonte primária de alimento.
    - **Formigas que comem madeira**: **As Camponotus** (formigas carpinteiras) alimentam-se de madeira e utilizam-na para construir os seus ninhos, decompondo a celulose da madeira para se alimentarem.
- **Caraterísticas**: Os alimentadores especializados têm frequentemente adaptações únicas para aceder e processar as suas fontes de alimento específicas, incluindo relações mutualistas com outros organismos.

Conclusão

As formigas demonstram uma adaptabilidade notável nas suas preferências de habitat e escolhas alimentares, o que lhes permite ocupar uma gama diversificada de ambientes e nichos ecológicos. Das florestas tropicais aos desertos áridos, e da herbivoria à predação, as formigas apresentam uma grande variedade de comportamentos e adaptações que reflectem os seus papéis ecológicos. A sua capacidade de se desenvolverem em diferentes habitats e de explorarem várias fontes de alimento sublinha o seu sucesso evolutivo e a sua importância ecológica.

7.3 Especialização em nichos e estratégias de sobrevivência das formigas

As formigas estão entre os insectos ecologicamente mais diversos e adaptáveis, exibindo uma gama de especializações de nicho e estratégias de sobrevivência que lhes permitem prosperar em ambientes variados. Estas adaptações permitem que as formigas ocupem papéis ecológicos específicos, explorem recursos particulares e enfrentem desafios ambientais.

1. Especialização de nicho nas formigas

A especialização de nicho refere-se à adaptação de organismos a papéis ecológicos ou ambientes específicos, o que pode levar a um elevado grau de diversidade dentro de um grupo. No caso das formigas, a especialização de nicho manifesta-se de várias formas, incluindo a sua dieta, hábitos de nidificação e interações com outras espécies.

1.1. Especialização alimentar

- **Herbivoria e Fungivoria**: Algumas formigas especializam-se em alimentar-se de material vegetal ou de fungos.
    - **Formigas cortadeiras (Atta e Acromyrmex)**: Estas formigas cortam folhas e transportam-nas para os seus ninhos, onde cultivam fungos que lhes servem de fonte primária de alimento. Esta especialização envolve comportamentos complexos, incluindo técnicas de corte, construção de ninhos e cultivo de fungos.
    - **Formigas melíferas (Myrmecocystus)**: Em ambientes áridos, as formigas melíferas armazenam néctar em abdomens de operárias especializadas, fornecendo uma reserva alimentar crucial durante períodos de escassez.
- **Carnivoria e Predação**: Certas formigas são predadoras ou necrófagas especializadas.
    - **Formigas do exército (Eciton)**: Conhecidas pela sua predação agressiva, as formigas do exército formam grandes colunas de ataque que capturam e consomem uma grande variedade de presas. O seu comportamento de caça é altamente organizado e envolve uma coordenação sofisticada entre os membros da colónia.
    - **Odontomachus**: Estas formigas têm mandíbulas poderosas usadas para capturar e matar presas, e a sua dieta consiste principalmente em insectos e outros pequenos invertebrados.
- **Omnivoria**: Muitas formigas são generalistas e podem explorar uma série de fontes de alimento.
    - **Lasius**: Estas formigas têm uma dieta variada que inclui tanto material vegetal (como o néctar) como pequenos insectos. A sua capacidade de

adaptar a sua alimentação em função dos recursos disponíveis torna-as muito versáteis.

1.2. Hábitos de nidificação e preferências de habitat

- **Ninhos no solo**: Algumas formigas estão adaptadas à nidificação no solo, com sistemas subterrâneos complexos.
    - **Formigas colhedoras (Pogonomyrmex)**: Constroem extensos ninhos subterrâneos com várias câmaras para armazenamento de alimentos, criação de crias e residência da rainha. Os seus ninhos estão adaptados para suportar flutuações de temperatura e manter a humidade.
- **Ninhos Arbóreos**: Algumas formigas constroem ninhos em árvores ou noutros locais elevados.
    - **Formigas tecelãs (Oecophylla)**: Constroem ninhos entrelaçando folhas com seda produzida pelas suas larvas. Esta estratégia de nidificação arbórea proporciona proteção contra predadores terrestres e acesso a uma vasta gama de fontes de alimento.
- **Estruturas especializadas**: Algumas formigas criam estruturas de nidificação únicas.
    - **Formigas construtoras de montes (Formica rufa)**: Constroem montes grandes e visíveis que servem tanto de habitat como de regulação da temperatura. Os montes proporcionam proteção e criam microhabitats para outros organismos.

1.3. Interações com outras espécies

- **Mutualismo**: Algumas formigas têm relações mutualistas com outros organismos.
    - **Cultivo de pulgões**: Formigas como **Lasius** e **Formica** protegem os pulgões e colhem a sua melada, uma secreção açucarada que serve como fonte primária de alimento para as formigas. Em troca, as formigas protegem os pulgões dos predadores.
- **Parasitismo e Parasitismo de ninhada**: Algumas formigas têm comportamentos parasitários.
    - **Formigas escravizadoras (Polyergus)**: Invadem os ninhos de outras espécies de formigas para capturar crias, que são depois integradas nas suas próprias colónias como trabalhadoras.

2. Estratégias de sobrevivência das formigas

As formigas desenvolveram uma série de estratégias de sobrevivência para lidar com desafios ambientais, ameaças e competição. Essas estratégias incluem adaptações no comportamento, na fisiologia e na organização social.

2.1. Defesa e proteção das colónias

- **Defesa física**: Muitas formigas desenvolveram adaptações físicas para se defenderem.

- **Ferrões**: Espécies como a **Solenopsis** (formigas-de-fogo) utilizam ferrões venenosos para defender a colónia e afastar os predadores.
- **Mandíbulas**: As formigas como a **Odontomachus** usam as suas poderosas mandíbulas para capturar presas e defender-se de ameaças.

- **Defesa química**: As formigas utilizam frequentemente produtos químicos para se defenderem.
  - **Ácido fórmico**: Muitas formigas, como a **Formica** e a **Camponotus**, produzem ácido fórmico, que pode ser pulverizado ou utilizado em picadas defensivas para dissuadir predadores e concorrentes.
  - **Feromonas de alarme**: Quando ameaçadas, as formigas libertam feromonas de alarme para recrutar membros da colónia para a defesa e organizar uma resposta colectiva.

2.1. Nidificação e adaptações ambientais

- **Regulação da temperatura e da humidade**: As formigas desenvolveram vários métodos para regular o ambiente do seu ninho.
  - **Materiais isolantes**: Algumas formigas utilizam materiais isolantes, como restos de plantas ou terra, para manter a temperatura do ninho estável.
  - **Sistemas de ventilação**: Algumas espécies, como a **Atta** (formigas cortadeiras), constroem ninhos com poços de ventilação para regular a humidade e a temperatura.
- **Tolerância a inundações e secas**: As formigas que vivem em ambientes variáveis têm adaptações para lidar com condições extremas.
  - **Inundações**: **As Solenopsis** (formigas-de-fogo) podem formar jangadas flutuantes ligando os seus corpos para sobreviver a inundações.
  - **Seca**: **As Myrmecocystus** (formigas melíferas) armazenam néctar nos abdomens de operárias especializadas, permitindo que a colónia sobreviva a períodos de escassez de alimentos.

2.2. Forrageamento e aquisição de recursos

- **Forrageamento eficiente**: As formigas desenvolveram estratégias sofisticadas de procura de alimentos.
  - **Trilhas de feromonas**: Muitas formigas, como **a Lasius** e **a Formica**, utilizam pistas de feromonas para guiar as forrageadoras até às fontes de alimento, assegurando uma aquisição de recursos eficiente e organizada.
  - **Colunas de ataque**: **As Eciton** (formigas do exército) utilizam colunas de ataque grandes e coordenadas para maximizar a captura de presas e a recolha de recursos.
- **Armazenamento de recursos**: Algumas formigas armazenam recursos para garantir a sobrevivência durante a escassez.

- **Câmaras de armazenamento de alimentos**: **As Pogonomyrmex** (formigas-recolhedoras) criam câmaras dedicadas ao armazenamento de sementes e outros alimentos, constituindo uma reserva para épocas de escassez.

2.3. Reprodução e crescimento das colónias

- **Estratégias de reprodução**: As formigas têm diversas estratégias de reprodução para assegurar o crescimento e a sobrevivência da colónia.
  - **Voos nupciais**: Muitas formigas, como **Lasius** e **Camponotus**, fazem voos nupciais, onde machos alados e rainhas acasalam e estabelecem novas colónias.
  - **Brotamento**: Algumas espécies, como a **Solenopsis**, utilizam a brotação para formar novas colónias, em que uma parte da colónia se desloca com a rainha para estabelecer um novo ninho nas proximidades.

Conclusão

As formigas apresentam uma notável especialização de nicho e estratégias de sobrevivência que lhes permitem prosperar em ambientes diversos e muitas vezes difíceis. A sua capacidade de adaptação a papéis ecológicos específicos, quer através de preferências alimentares, hábitos de nidificação ou interações com outras espécies, sublinha o seu sucesso evolutivo. Ao empregarem uma série de estratégias defensivas, adaptativas e de aquisição de recursos, as formigas continuam a ser um dos grupos de insectos mais versáteis e ecologicamente significativos do planeta.

Capítulo 8: Utilizações humanas da mirmecologia

8.1 O papel das formigas na manutenção do equilíbrio ecológico

As formigas são parte integrante de muitos ecossistemas, desempenhando papéis cruciais na manutenção do equilíbrio ecológico através dos seus diversos comportamentos e interações. A sua influência estende-se à saúde dos solos, à dinâmica das plantas, às relações predador-presa e à engenharia dos ecossistemas. Eis um olhar pormenorizado sobre a forma como as formigas contribuem para o equilíbrio ecológico:

1. Aeração do solo e ciclo de nutrientes

1.1. Aeração do solo

- **Construção de ninhos**: As formigas constroem ninhos subterrâneos complexos que criam canais e cavidades no solo. Esta atividade de escavação aumenta o arejamento do solo, o que melhora a infiltração da água e o crescimento das raízes das plantas.
    - **Exemplo**: As formigas **fórmicas** e as **Pogonomyrmex** (formigas colhedoras) criam extensas redes subterrâneas que melhoram a estrutura e o arejamento do solo.

1.2. Ciclo de nutrientes

- **Decomposição**: As formigas contribuem para o ciclo de nutrientes decompondo a matéria orgânica, como insectos mortos, restos de plantas e outros detritos. Este processo de decomposição liberta nutrientes de volta para o solo, apoiando o crescimento das plantas.
    - **Exemplo**: As formigas **Camponotus** (formigas carpinteiras) e **Formica** ajudam a decompor a madeira e as folhas, o que enriquece o solo com nutrientes essenciais.

2. Dispersão de sementes e dinâmica de plantas

2.1. Dispersão de sementes

- **Interações formiga-semente**: Muitas plantas evoluíram para produzir sementes com estruturas que atraem as formigas, como os elaiossomas (apêndices nutritivos). As formigas recolhem estas sementes e transportam-nas para os seus ninhos, onde as deitam fora em pilhas de resíduos ricos em nutrientes.
    - **Exemplo**: **A mirmecocoria** é um processo em que formigas como **Lasius** e **Pheidole** dispersam sementes de plantas como orquídeas e algumas leguminosas. As sementes descartadas têm mais hipóteses de germinar no ambiente fértil do ninho.

2.2. Fitossanidade e dinâmica

- **Proteção das plantas**: Algumas formigas protegem as plantas dos herbívoros em troca de recursos alimentares como o néctar. Esta relação mutualista ajuda a reduzir a herbivoria e apoia a saúde das plantas.

- **Exemplo**: As formigas **Azteca** protegem certas espécies de árvores dos insectos comedores de folhas e de outros herbívoros. Em troca, as árvores fornecem néctar ou abrigo para as formigas.

3. Relações predador-presa e controlo das populações

3.1. Controlo natural das pragas

- **Predação**: As formigas são predadores eficazes de várias pragas, incluindo insectos e pequenos invertebrados. As suas actividades predadoras ajudam a regular as populações destas pragas potenciais.
  - **Exemplo**: As formigas do exército (**Eciton**) alimentam-se de um grande número de insectos e outros pequenos animais, controlando as suas populações e evitando a sobrepopulação.

3.2. Concorrência com outras espécies

- **Interações competitivas**: As formigas competem frequentemente com outros predadores e necrófagos pelos recursos. Esta competição ajuda a equilibrar a dinâmica predador-presa e impede que uma única espécie domine um ecossistema.
  - **Exemplo**: **Linepithema humile** (formigas argentinas) competem com espécies nativas de formigas e outros predadores, influenciando a biodiversidade local e a estrutura da comunidade.

4. Engenharia de ecossistemas

4.1. Construção de ninhos

- **Criação de habitat**: As formigas projectam o seu ambiente através da construção de ninhos que criam microhabitats para outros organismos. Os seus ninhos podem servir de casa para fungos, insectos e outras pequenas criaturas.
  - **Exemplo**: As formigas cortadeiras constroem grandes ninhos subterrâneos que fornecem habitat para fungos e outros organismos, influenciando o ecossistema circundante.

4.2. Modificação ambiental

- **Alteração de paisagens físicas**: As actividades das formigas, como a construção de montes e a escavação do solo, podem alterar significativamente as paisagens e afetar os ecossistemas locais.
  - **Exemplo**: **As Formica rufa** (formigas vermelhas da madeira) criam montes grandes e visíveis que podem influenciar a estrutura do solo e os padrões de vegetação no seu habitat.

5. Relações mutualistas

5.1. Mutualismo com outras espécies

- **Mutualismos formiga-planta**: As formigas estabelecem relações mutualistas com várias plantas e outros organismos, contribuindo para a estabilidade e saúde do ecossistema.
  - **Exemplo**: As plantas **Corydalis** produzem néctar que atrai as formigas, que por sua vez protegem as plantas dos herbívoros e ajudam na dispersão das sementes.

5.2. Mutualismos formiga-borboleta

- **Relações mutualistas com borboletas**: Algumas formigas protegem as larvas das borboletas (lagartas) em troca de recursos alimentares. Este mutualismo beneficia ambas as espécies e pode influenciar a dinâmica populacional das borboletas.
    - **Exemplo**: As borboletas **mirmecófilas** (que adoram formigas) põem os seus ovos em plantas onde as formigas protegem as larvas dos predadores em troca de secreções açucaradas.

Conclusão

As formigas desempenham um papel multifacetado na manutenção do equilíbrio ecológico através da sua influência na saúde do solo, na dinâmica das plantas, nas relações predador-presa e na engenharia ambiental. Os seus diversos comportamentos e interações com outros organismos contribuem para a estabilidade e a resiliência dos ecossistemas. Ao apoiar o ciclo de nutrientes, a dispersão de sementes, o controlo de pragas e a criação de habitats, as formigas ajudam a manter a saúde e a função dos ambientes que habitam.

8.2 Controlo biológico das pragas

As formigas são eficazes controladores biológicos de pragas devido aos seus diversos comportamentos alimentares e estratégias predatórias. O seu papel no controlo de pragas é significativo tanto em ambientes naturais como geridos, onde ajudam a regular as populações de várias pragas agrícolas e ecológicas. Aqui está uma visão geral de como as formigas contribuem para o controlo biológico de pragas:

1. Predação de insectos e outras pragas

1.1. Predadores generalistas

- **Descrição**: Muitas espécies de formigas são predadores generalistas, alimentando-se de uma variedade de pequenos insectos e artrópodes.
- **Exemplos**:
    - **Formigas do exército (Eciton)**: Conhecidas pela sua predação agressiva, as formigas do exército formam grandes colunas de forrageamento que consomem uma vasta gama de insectos e outros pequenos invertebrados. O seu comportamento predatório ajuda a manter as populações de pragas sob controlo.
    - **Odontomachus**: Estas formigas utilizam as suas poderosas mandíbulas para capturar e matar insectos, contribuindo para o controlo de pragas nos seus habitats.

1.2. Predadores especializados

- **Descrição**: Algumas formigas são predadoras especializadas de espécies específicas de pragas.
- **Exemplos**:
    - **Solenopsis (Formigas-de-fogo)**: Para além da sua predação geral, sabe-se que as formigas-de-fogo têm como alvo e controlam as populações de pragas agrícolas como as térmitas e os escaravelhos.

- **Pheidole**: Certas espécies de formigas **Pheidole** alimentam-se de formigas de outras espécies, incluindo as que podem ser prejudiciais para as culturas ou plantas.

2. Controlo das pragas agrícolas

2.1. Redução das pragas nas culturas

- **Descrição**: As formigas podem reduzir as populações de pragas agrícolas, como os pulgões e as lagartas, que de outra forma podem causar danos significativos às culturas.
- **Exemplos**:
  - **Controlo dos afídeos**: As formigas como **Lasius** e **Formica** protegem os afídeos dos seus predadores naturais, mas também se alimentam de outras pragas e ajudam a regular indiretamente as populações de afídeos.
  - **Controlo de lagartas**: Algumas formigas são conhecidas por se alimentarem de lagartas e outros estágios larvais de pragas que danificam as culturas.

2.2. Gestão integrada das pragas

- **Descrição**: Em ambientes agrícolas, as formigas podem fazer parte de estratégias de gestão integrada de pragas (IPM), onde são utilizadas juntamente com outros controlos biológicos e práticas para gerir as populações de pragas de forma sustentável.
- **Exemplos**:
  - **As formigas como parte do IPM**: Nas vinhas e pomares, as formigas podem ajudar a reduzir a necessidade de pesticidas químicos, controlando as populações de insectos que afectam a saúde das plantas.

3. Controlo ecológico das pragas

3.1. Regulação natural das pragas

- **Descrição**: Nos ecossistemas naturais, as formigas ajudam a regular as populações de pragas e a manter o equilíbrio ecológico, alimentando-se de vários invertebrados.
- **Exemplos**:
  - **Ecossistemas florestais**: Nas florestas, as formigas contribuem para o controlo de pragas de insectos que, de outra forma, poderiam perturbar o equilíbrio ecológico e prejudicar as comunidades vegetais.
  - **Pastagens**: Formigas como a **Pogonomyrmex** (formigas colhedoras) ajudam a gerir populações de insectos e outras pequenas pragas que poderiam ter um impacto negativo nos ecossistemas das pastagens.

3.2. Redução do impacto das pragas noutras espécies

- **Descrição**: Ao controlar as populações de pragas, as formigas também beneficiam indiretamente outras espécies do ecossistema, incluindo plantas e herbívoros.
- **Exemplos**:

- **Saúde das plantas**: As formigas ajudam a manter a saúde das plantas, controlando os insectos herbívoros e reduzindo os danos que estes causam à vegetação.
- **Biodiversidade**: Ao gerir as populações de pragas, as formigas apoiam a biodiversidade global dos ecossistemas, permitindo que várias espécies prosperem.

4. Limitações e considerações

4.1. Efeitos não visados

- **Descrição**: Embora as formigas sejam benéficas no controlo de pragas, podem também afetar espécies não visadas, incluindo insectos benéficos e outros animais selvagens.
- **Exemplos**:
  - **Perturbação dos polinizadores**: Em alguns casos, as formigas podem atacar os polinizadores ou interferir com as suas actividades, o que pode ter impacto na reprodução das plantas.
  - **Competição com outros predadores**: As formigas podem competir com outros predadores naturais, alterando potencialmente a dinâmica do controlo de pragas.

4.2. Espécies invasoras

- **Descrição**: Algumas espécies de formigas, em particular as invasoras, podem tornar-se elas próprias pragas e perturbar os ecossistemas locais, conduzindo potencialmente a impactos negativos no controlo de pragas.
- **Exemplos**:
  - **Formiga argentina (Linepithema humile)**: Esta espécie invasora pode deslocar as formigas nativas e alterar as relações ecológicas, levando por vezes a consequências inesperadas para a gestão de pragas.

Conclusão

As formigas desempenham um papel valioso no controlo biológico de pragas através do seu comportamento predatório e interações ecológicas. Ao regularem as populações de pragas, contribuem para a saúde dos ambientes naturais e geridos. A sua eficácia como controladoras de pragas realça a sua importância na manutenção do equilíbrio ecológico e apoia práticas sustentáveis de gestão de pragas. No entanto, o potencial de efeitos não visados e o impacto de espécies de formigas invasoras devem ser considerados para garantir que os seus benefícios sejam maximizados, minimizando quaisquer consequências negativas.

8.3 Investigação farmacêutica e biológica

As formigas, embora muitas vezes ignoradas nas discussões sobre substâncias medicinais, demonstraram uma variedade de propriedades medicinais, tanto através de utilizações tradicionais como de investigação científica. O seu valor medicinal abrange desde os remédios tradicionais até aos desenvolvimentos farmacêuticos modernos. Aqui está uma visão geral dos diferentes aspectos do valor medicinal das formigas:

1. Utilizações tradicionais das formigas na medicina

1.1. Remédios tradicionais

- **China e Sudeste Asiático**: Em várias culturas, as formigas têm sido utilizadas na medicina tradicional pelos seus alegados benefícios para a saúde.
    - **Extractos de formiga**: Na medicina tradicional chinesa, os extractos de certas formigas, como a **Polyrhachis vicina** (uma espécie de formiga tecelã), têm sido utilizados para tratar doenças como a artrite e a inflamação.
    - **As formigas nos remédios tradicionais**: Em algumas culturas do sudeste asiático, as formigas são utilizadas em remédios pelas suas supostas propriedades anti-inflamatórias e analgésicas.

1.2. Utilizações folclóricas

- **Veneno de formiga**: Algumas culturas têm utilizado o veneno de formiga ou partes do corpo na medicina popular, acreditando que têm propriedades curativas.
    - **Alívio da dor**: Em algumas práticas tradicionais, as picadas ou ferrões de formigas são aplicados nas áreas afectadas para aliviar a dor e tratar dores musculares e articulares.

2. Investigação científica sobre as propriedades medicinais

2.1. Veneno de formiga e seus componentes

- **Compostos bioactivos**: O veneno de formiga contém vários compostos bioactivos que têm potenciais aplicações medicinais.
    - **Ácido fórmico**: Encontrado no veneno de muitas formigas, o ácido fórmico tem propriedades antimicrobianas e anti-inflamatórias. Estão em curso investigações sobre as suas potenciais aplicações no tratamento de infecções e inflamações.
    - **Péptidos de formiga**: O veneno de formiga contém péptidos que apresentam actividades antimicrobianas e anticancerígenas. Estes péptidos são de interesse para o desenvolvimento de medicamentos devido ao seu potencial para combater agentes patogénicos resistentes e células cancerígenas.

2.2. Extractos de formigas e seus efeitos

- **Extractos de formiga para a saúde**: A investigação sobre os extractos de formiga revelou vários benefícios para a saúde.
    - **Efeitos anti-inflamatórios**: Os extractos de formigas como **a Polyrhachis** demonstraram possuir propriedades anti-inflamatórias, tornando-as potenciais candidatas ao tratamento de doenças inflamatórias.

- **Propriedades antioxidantes**: Alguns estudos indicaram que os extractos de formiga contêm antioxidantes que podem ajudar a neutralizar os radicais livres e proteger contra o stress oxidativo.

2.3. Aplicações na medicina moderna

- **Desenvolvimento de medicamentos**: O estudo do veneno e dos extractos de formigas levou à exploração de novos compostos medicamentosos.
  - **Agentes antimicrobianos**: Os compostos derivados das formigas estão a ser investigados pelo seu potencial como novos agentes antimicrobianos para combater a resistência aos antibióticos.
  - **Terapia do cancro**: Está em curso a investigação de peptídeos e extractos derivados de antígenos para a sua potencial utilização no tratamento do cancro, dados os seus efeitos citotóxicos observados contra as células cancerígenas.

3. Exemplos de espécies de formigas medicinais

3.1. Polyrhachis vicina

- **Descrição**: Esta espécie de formiga tecelã é conhecida pela sua utilização na medicina tradicional.
- **Utilização medicinal**: Os seus extractos têm sido utilizados na medicina chinesa para tratar inflamações e artrite.

3.2. Formica rufa

- **Descrição**: Conhecida como a formiga da madeira vermelha, é estudada pelas suas propriedades de veneno e extrato.
- **Utilização medicinal**: A investigação sobre o seu veneno revelou potenciais efeitos antimicrobianos e anti-inflamatórios.

3.3. Solenopsis geminata

- **Descrição**: A formiga-de-fogo vermelha importada é outra espécie estudada pelo seu veneno.
- **Utilização medicinal**: O seu veneno contém ácido fórmico e outros compostos com potenciais propriedades antimicrobianas.

4. Segurança e considerações

4.1. Riscos potenciais

- **Reacções alérgicas**: O veneno de formiga pode causar reacções alérgicas em alguns indivíduos, que podem ser graves.
- **Toxicidade**: Alguns compostos do veneno de formiga e dos extractos podem ser tóxicos em doses elevadas, exigindo uma dosagem e aplicação cuidadosas.

4.2. Necessidade de mais investigação

- **Ensaios clínicos**: É necessária mais investigação e ensaios clínicos para compreender plenamente a eficácia e a segurança das substâncias derivadas de formigas para uso medicinal.

- **Padronização**: A normalização dos extractos de formiga e do veneno é crucial para garantir uma qualidade e efeitos terapêuticos consistentes.

Conclusão

As formigas possuem uma série de propriedades medicinais que têm sido exploradas tanto a nível tradicional como científico. O seu veneno e extractos oferecem potenciais benefícios devido às suas propriedades anti-inflamatórias, antimicrobianas e antioxidantes. A investigação em curso é crucial para aproveitar plenamente estes benefícios e desenvolver tratamentos seguros e eficazes. Embora as utilizações tradicionais forneçam informações valiosas, é necessária uma validação científica e mais investigação para estabelecer o potencial terapêutico das formigas na medicina moderna.

Capítulo 9: Avanços recentes em mirmecologia

A investigação moderna sobre formigas utiliza técnicas avançadas de várias disciplinas científicas para explorar a sua biologia, comportamento e papéis ecológicos. Estas técnicas fornecem conhecimentos mais profundos sobre a fisiologia, genética, comportamento social e interações das formigas com o seu ambiente. Eis um resumo das principais técnicas de investigação modernas utilizadas no estudo das formigas:

9.1 Análise genética e genómica

1. Sequenciação do ADN

- **Descrição**: As tecnologias de sequenciação de ADN de elevado rendimento são utilizadas para sequenciar os genomas das espécies de formigas.
- **Aplicações**:
  - **Mapeamento genómico**: Identificação de genes associados a caraterísticas específicas, como a diferenciação de castas e o comportamento de procura de alimentos.
  - **Filogenética**: Compreender as relações evolutivas entre espécies e géneros de formigas.

2. Transcriptómica

- **Descrição**: O estudo das transcrições de ARN produzidas pelo genoma em condições específicas.
- **Aplicações**:
  - **Análise da Expressão Génica**: Investigação de padrões de expressão de genes relacionados com as fases de desenvolvimento, respostas ambientais e comportamentos sociais.
  - **Genómica funcional**: Explorar os papéis de genes específicos na biologia e no comportamento das formigas.

3. CRISPR-Cas9

- **Descrição**: Uma tecnologia de edição de genes utilizada para criar mutações específicas nos genomas das formigas.
- **Aplicações**:
  - **Estudos funcionais**: Avaliação das funções de genes específicos através da introdução de mutações e observação dos efeitos na fisiologia e comportamento das formigas.
  - **Knockout de genes**: Estudar o impacto da perda de determinados genes no desenvolvimento e na estrutura social das formigas.

9.2 Estudos comportamentais e sociais

1. Observações comportamentais

- **Descrição**: Observação detalhada do comportamento de formigas em ambientes controlados e naturais.
- **Aplicações**:

- **Comportamento de forrageamento**: Estudo da forma como as formigas procuram e recolhem alimentos, incluindo a utilização de pistas de feromonas e estratégias de recrutamento.
- **Interações sociais**: Análise das interações entre as diferentes castas e indivíduos da colónia.

2. Tecnologia de vídeo e de localização

- **Descrição**: Utilização de câmaras de alta resolução e sistemas de rastreio para monitorizar os movimentos e interações das formigas.
- **Aplicações**:
    - **Padrões de Movimento**: Analisar as estratégias de movimento e navegação das formigas.
    - **Dinâmica das colónias**: Observar as interações entre formigas e as mudanças na estrutura e comportamento da colónia.

3. Tecnologia de sensores

- **Descrição**: Integração de sensores para recolha de dados sobre factores ambientais e comportamento das formigas.
- **Aplicações**:
    - **Monitorização ambiental**: Medição da temperatura, humidade e outros factores que afectam o comportamento e a fisiologia das formigas.
    - **Sensores comportamentais**: Monitorização de comportamentos específicos, tais como agressão, higiene e comunicação.

9.3 Análise molecular e química

1. Análise da feromona

- **Descrição**: Estudo dos sinais químicos utilizados pelas formigas para comunicação.
- **Aplicações**:
    - **Perfil químico**: Identificação e caraterização das feromonas utilizadas para marcação de trilhos, sinais de alarme e organização social.
    - **Estudos comportamentais**: Compreender como as feromonas influenciam o comportamento das formigas e as interações entre as colónias.

2. Metabolómica

- **Descrição**: Análise de perfis metabólicos em formigas.
- **Aplicações**:
    - **Vias Bioquímicas**: Investigação dos processos metabólicos e dos seus papéis na saúde, desenvolvimento e adaptação das formigas.
    - **Respostas ao stress**: Estudar a forma como as formigas respondem a factores de stress ambiental ao nível metabólico.

9.4 Estudos ecológicos e ambientais

1. Experiências de campo

- **Descrição**: Realização de experiências em ambientes naturais para observar as formigas no seu contexto ecológico.
- **Aplicações**:
  - **Interações ecológicas**: Examinar a forma como as formigas interagem com outras espécies e o seu papel nos ecossistemas.
  - **Preferências de habitat**: Estudar a distribuição das formigas e a utilização do habitat em resposta a alterações ambientais.

2. Sistemas de Informação Geográfica (SIG)

- **Descrição**: Utilização da tecnologia SIG para analisar dados espaciais relacionados com as populações e distribuições de formigas.
- **Aplicações**:
  - **Cartografia de habitats**: Cartografar os habitats das formigas e compreender os factores que influenciam a sua distribuição.
  - **Estudos de distribuição de espécies**: Analisar a área geográfica e a propagação de espécies de formigas, incluindo espécies invasoras.

9.5 Técnicas avançadas de imagiologia

1. Microscopia eletrónica de varrimento (SEM)

- **Descrição**: Técnica de imagiologia de alta resolução utilizada para examinar a morfologia das formigas a nível microscópico.
- **Aplicações**:
  - **Análise estrutural**: Exame pormenorizado das partes do corpo das formigas, incluindo mandíbulas, ferrões e exosqueleto.
  - **Caraterísticas da superfície**: Estudo das estruturas de superfície e das adaptações relacionadas com a alimentação, defesa e interação.

2. Tomografia computorizada de raios X (TC)

- **Descrição**: Técnica de imagiologia não destrutiva que fornece imagens 3D da anatomia das formigas.
- **Aplicações**:
  - **Estruturas internas**: Visualizar órgãos internos e caraterísticas anatómicas sem dissecação.
  - **Arquitetura dos ninhos**: Analisar a estrutura dos ninhos de formigas e compreender a organização das colónias.

9.6 Técnicas de computação e modelação

1. Modelação baseada em agentes

- **Descrição**: Simulação do comportamento e interações de formigas através de modelos computacionais.

- **Aplicações**:
    - o **Dinâmica das colónias**: Modelação da forma como os comportamentos individuais contribuem para fenómenos ao nível da colónia, como a procura de alimentos, a construção de ninhos e a defesa.
    - o **Previsão comportamental**: Prever como as mudanças nas condições ambientais ou na estrutura social afectam o comportamento das formigas.

2. Análise de rede

- **Descrição**: Análise das redes sociais e de comunicação nas colónias de formigas.

- **Aplicações**:
    - o **Interações sociais**: Mapear e analisar as interações entre os membros da colónia e compreender a estrutura das redes sociais.
    - o **Fluxo de informação**: Estudo da forma como a informação e os recursos são distribuídos na colónia.

Conclusão

As técnicas de investigação modernas aumentaram consideravelmente a nossa compreensão das formigas, oferecendo conhecimentos sobre a sua composição genética, comportamento e papéis ecológicos. Os avanços na análise genética, observação comportamental, química molecular e tecnologias de imagem permitem aos investigadores explorar as complexidades da biologia das formigas e as suas interações com o ambiente. Estas técnicas contribuem para uma compreensão mais profunda das formigas e da sua importância nos ecossistemas e fornecem conhecimentos valiosos para domínios aplicados, como a gestão de pragas e a conservação.

9.7 Colónias artificiais e investigação laboratorial em formigas

As colónias artificiais e a investigação em laboratório são cruciais para estudar o comportamento, a fisiologia e a dinâmica social das formigas em ambientes controlados. Estas abordagens permitem aos investigadores manipular variáveis, observar comportamentos específicos e obter conhecimentos que seriam difíceis de obter em ambientes naturais. Eis uma visão geral de como as colónias artificiais e a investigação em laboratório são utilizadas em estudos de formigas:

1. Estabelecimento de colónias artificiais

1.1. Configuração da colónia

- **Descrição**: A criação de colónias artificiais de formigas envolve a reprodução das condições de um ninho natural de formigas num ambiente controlado.
- **Componentes**:

- **Câmaras de nidificação**: Os ninhos artificiais são concebidos com câmaras e túneis para imitar as tocas naturais. Podem ser feitos de vários materiais, como acrílico, vidro ou substratos especializados.
- **Controlos ambientais**: Os investigadores regulam a temperatura, a humidade e a luz para simular condições naturais e observar como as formigas se adaptam a diferentes ambientes.

1.2. Manutenção das colónias

- **Descrição**: A manutenção de colónias artificiais requer uma atenção cuidadosa às necessidades das formigas.
- **Aspectos**:
  - **Alimentação**: Fornecer uma dieta equilibrada de açúcares, proteínas e outros nutrientes.
  - **Monitorização da saúde**: Verificar regularmente se há sinais de doença ou stress e assegurar que a colónia permanece livre de contaminantes.
  - **Reprodução**: Gestão do ciclo reprodutivo através da inclusão de rainhas e do controlo do desenvolvimento das crias.

2. Estudos comportamentais e sociais

2.1. Experiências de interação social

- **Descrição**: A observação de interações sociais em colónias artificiais ajuda os investigadores a compreender o comportamento e a comunicação das formigas.
- **Aplicações**:
  - **Dinâmica das castas**: Estudar os papéis e as interações das diferentes castas (operárias, rainhas, machos) dentro da colónia.
  - **Comportamento de forrageamento**: Investigar como as formigas encontram e partilham o alimento e como utilizam as feromonas para comunicar.

2.2. Manipulação do comportamento

- **Descrição**: Os investigadores podem manipular vários factores para observar os seus efeitos no comportamento das formigas.
- **Técnicas**:
  - **Interrupção de feromonas**: Alteração dos sinais de feromonas para estudar o seu impacto na navegação e na comunicação.
  - **Alterações ambientais**: Alterar a temperatura, a humidade ou a estrutura do ninho para observar como as formigas se adaptam às novas condições.

3. Investigação fisiológica e genética

3.1. Manipulação genética

- **Descrição**: Utilização de técnicas genéticas para estudar a função e a herança de genes em formigas.
- **Técnicas**:

- **Edição de genes**: Utilização do CRISPR-Cas9 ou de outras ferramentas de edição de genes para criar mutações específicas e estudar os seus efeitos na fisiologia e no comportamento das formigas.
- **Formigas transgénicas**: Introduzir marcadores fluorescentes ou outras modificações genéticas para monitorizar a expressão genética e o desenvolvimento celular.

3.2. Medições fisiológicas

- **Descrição**: Avaliação de parâmetros fisiológicos em ambientes controlados.
- **Técnicas**:
  - **Taxa metabólica**: Medição do gasto energético e da taxa metabólica através da respirometria.
  - **Neurobiologia**: Estudo da atividade neural e da função cerebral através de técnicas electrofisiológicas ou de imagiologia.

4. Estudos de controlo de doenças e pragas

4.1. Investigação de agentes patogénicos

- **Descrição**: Investigar como as formigas respondem a doenças e agentes patogénicos num ambiente controlado.
- **Aplicações**:
  - **Transmissão de doenças**: Estudar a forma como as doenças se propagam nas colónias e identificar potenciais medidas de controlo.
  - **Resposta imunitária**: Analisar as respostas imunitárias das formigas a infecções e toxinas.

4.2. Estratégias de controlo das pragas

- **Descrição**: Teste de métodos de controlo biológico e químico em colónias artificiais.
- **Aplicações**:
  - **Insecticidas**: Avaliação da eficácia e segurança de diferentes insecticidas em colónias de formigas.
  - **Controlos biológicos**: Testar o impacto de predadores naturais ou agentes patogénicos nas populações de formigas.

5. Vantagens e limitações

5.1. Vantagens

- **Ambiente controlado**: Permite aos investigadores controlar variáveis e isolar factores específicos que afectam o comportamento e a fisiologia das formigas.
- **Experiências replicáveis**: Facilita a repetição de experiências e a obtenção de resultados consistentes, que são essenciais para a validação científica.
- **Observações pormenorizadas**: Oferece oportunidades de observação pormenorizada de comportamentos que podem ser difíceis de estudar na natureza.

5.2. Limitações

- **Condições artificiais**: As colónias artificiais podem não reproduzir perfeitamente as condições naturais, afectando potencialmente a validade dos resultados.
- **Escala de observação**: Limitado a observações de menor escala em comparação com grandes colónias naturais, o que pode influenciar a generalização dos resultados.
- **Considerações éticas**: Requer uma análise cuidadosa do bem-estar e do tratamento das formigas em contextos de investigação.

Conclusão

As colónias artificiais e a investigação em laboratório são ferramentas inestimáveis para o estudo das formigas, fornecendo informações sobre o seu comportamento, fisiologia e dinâmica social. Ao simular condições naturais e manipular variáveis em ambientes controlados, os investigadores podem obter uma compreensão mais profunda da biologia e ecologia das formigas. Apesar de algumas limitações, estas técnicas contribuem significativamente para os avanços da entomologia e domínios afins, oferecendo conhecimentos valiosos para as ciências aplicadas, como a gestão de pragas e a conservação.

9.8 Futuro da investigação sobre formigas

1. Descobertas recentes e desafios actuais

Descobertas recentes na investigação sobre formigas fizeram avançar significativamente a nossa compreensão destes insectos complexos, revelando novos conhecimentos sobre o seu comportamento, fisiologia e papéis ecológicos. No entanto, persistem desafios que afectam a profundidade e o âmbito da investigação sobre formigas. Aqui está uma visão geral das descobertas recentes e dos desafios actuais no estudo das formigas:

Descobertas recentes

1. Estruturas sociais complexas

1.1. Comportamento social avançado

- **Descoberta**: Estudos recentes revelaram estruturas e comportamentos sociais ainda mais complexos nas colónias de formigas. Por exemplo, algumas formigas exibem uma sofisticada divisão de trabalho e especialização de papéis para além da clássica divisão operária-rainha.
- **Exemplo**: As formigas **Cerapachys** apresentam um elevado grau de especialização de tarefas, em que diferentes formigas operárias desempenham funções distintas, como a procura de alimentos, a amamentação e a manutenção do ninho, com base na sua idade e condição.

1.2. Reprodução cooperativa

- **Descoberta**: Algumas espécies de formigas apresentam uma reprodução cooperativa, em que os indivíduos não reprodutores ajudam a criar a descendência de alguns reprodutores dominantes.
- **Exemplo**: **As Eciton burchellii** (formigas do exército) apresentam comportamentos de reprodução cooperativa em que as operárias ajudam a cuidar da ninhada e apoiam a rainha de uma forma altamente organizada.

2. Percepções evolutivas

2.1. Estudos genómicos

- **Descoberta**: Os avanços na sequenciação genómica forneceram novos conhecimentos sobre a evolução das formigas, incluindo a identificação de genes ligados ao comportamento social, à diferenciação de castas e a caraterísticas adaptativas.
- **Exemplo**: A sequenciação do genoma **do Harpegnathos saltator** revelou mecanismos genéticos subjacentes à determinação de castas e à evolução de estruturas sociais complexas.

2.2. Evolução do comportamento social

- **Descoberta**: Os investigadores traçaram a evolução dos comportamentos sociais nas formigas, identificando as principais transições evolutivas que levaram ao desenvolvimento de sistemas sociais avançados.
- **Exemplo**: Estudos sobre a filogenia das formigas mostraram como a eussocialidade evoluiu a partir de formas mais simples de organização social, fornecendo uma imagem mais clara das trajectórias evolutivas das sociedades de formigas.

3. Impacto ambiental e ecológico

3.1. Espécies invasoras

- **Descoberta**: Investigações recentes destacaram o impacto ecológico das espécies de formigas invasoras, incluindo os seus efeitos nos ecossistemas nativos, na biodiversidade e nos serviços ecossistémicos.
- **Exemplo**: A propagação de **Linepithema humile** (formigas argentinas) tem demonstrado perturbar os ecossistemas locais, ultrapassando as espécies de formigas nativas e alterando as cadeias alimentares.

3.2. Serviços ecossistémicos

- **Descoberta**: Estudos quantificaram os serviços ecossistémicos prestados pelas formigas, incluindo o arejamento do solo, o ciclo de nutrientes e a dispersão de sementes, salientando a sua importância na manutenção do equilíbrio ecológico.
- **Exemplo**: A investigação demonstrou que as formigas contribuem significativamente para a saúde do solo, promovendo a decomposição e o ciclo de nutrientes, o que favorece o crescimento das plantas e a fertilidade do solo.

Desafios actuais

1. Compreender os comportamentos complexos

1.1. Dinâmica social

- **Desafio**: Decifrar as complexas dinâmicas e interações sociais nas colónias de formigas continua a ser um desafio devido ao grande número de variáveis e interações envolvidas.
- **Solução**: Os avanços na tecnologia de rastreio, observação comportamental e modelação estão a ajudar a desvendar estas complexidades, mas a compreensão total das nuances das interações sociais é ainda um trabalho em curso.

1.2. Sistemas de comunicação

- **Desafio**: A compreensão de toda a gama de métodos de comunicação utilizados pelas formigas, incluindo feromonas, sinais tácteis e sons, é complexa e requer estudos mais abrangentes.
- **Solução**: Os investigadores estão a empregar tecnologias avançadas de análise química e de sensores para estudar mais detalhadamente os rastos de feromonas e outros sinais de comunicação.

2. Abordagem dos impactos ambientais

2.1. Efeitos das alterações climáticas

- **Desafio**: As alterações climáticas representam uma ameaça para as populações de formigas e para os seus papéis ecológicos, incluindo alterações na distribuição, alterações no comportamento de procura de alimentos e impactos na saúde das colónias.
- **Solução**: A monitorização a longo prazo e a modelação ecológica são essenciais para prever e atenuar os efeitos das alterações climáticas nas espécies de formigas e nos ecossistemas.

2.2. Perda de habitat

- **Desafio**: A destruição e a fragmentação do habitat continuam a ameaçar as populações de formigas e os ecossistemas que estas suportam.
- **Solução**: Os esforços de conservação e os projectos de recuperação de habitats são cruciais para preservar a biodiversidade das formigas e manter os serviços dos ecossistemas.

3. Limitações da investigação

3.1. Dados limitados sobre muitas espécies

- **Desafio**: Os dados sobre o comportamento, a ecologia e a fisiologia de muitas espécies de formigas, especialmente as menos estudadas ou de difícil acesso, são ainda limitados.
- **Solução**: O aumento da investigação no terreno, os projectos de colaboração e as iniciativas de ciência cidadã podem ajudar a preencher estas lacunas e a expandir o nosso conhecimento sobre espécies de formigas menos conhecidas.

3.2. Preocupações éticas e práticas

- **Desafio**: A realização de investigação sobre formigas envolve considerações éticas relacionadas com o tratamento e manuseamento destes insectos, bem como desafios práticos na manutenção de colónias artificiais e na realização de experiências.
- **Solução**: Cumprir as diretrizes éticas, melhorar as metodologias de investigação e garantir o bem-estar dos sujeitos do estudo são essenciais para a realização de uma investigação responsável e eficaz.

Conclusão

Descobertas recentes na investigação sobre formigas fizeram avançar a nossa compreensão das suas estruturas sociais, história evolutiva e papéis ecológicos. No entanto, os desafios actuais relacionados com comportamentos complexos, impactos ambientais e limitações da investigação continuam a moldar este campo. A resolução destes desafios através de técnicas de investigação inovadoras e de esforços de colaboração será crucial para aprofundar o nosso conhecimento sobre as formigas e a sua importância em ambientes naturais e alterados pelo homem.

9.9 Conservação das espécies de formigas

A conservação das espécies de formigas é crucial devido ao seu papel ecológico significativo, incluindo o arejamento do solo, o ciclo de nutrientes e a dispersão de sementes. Apesar da sua importância, muitas espécies de formigas enfrentam ameaças devido à destruição do habitat, às alterações climáticas e às espécies invasoras. Aqui está uma visão geral da conservação das espécies de formigas, incluindo os esforços, desafios e estratégias actuais:

1. Importância da conservação das formigas

1.1. Papéis ecológicos

- **Saúde do solo**: As formigas contribuem para o arejamento do solo e para o ciclo de nutrientes, escavando túneis e decompondo a matéria orgânica.
- **Dispersão de sementes**: Muitas formigas ajudam a dispersar sementes, o que contribui para a diversidade das plantas e para a saúde do ecossistema.
- **Predação e controlo de pragas**: As formigas controlam as populações de outros insectos e pragas, contribuindo para o equilíbrio ecológico.

1.2. Indicadores de Biodiversidade

- **Saúde do ecossistema**: As espécies de formigas podem servir como indicadores da saúde do ecossistema, reflectindo alterações na qualidade do habitat e nas condições ambientais.
- **Interações entre espécies**: As formigas interagem com um vasto leque de espécies e a sua conservação pode ter impacto em teias alimentares e redes ecológicas inteiras.

2. Ameaças actuais às espécies de formigas

2.1. Destruição do habitat

- **Descrição**: A urbanização, a desflorestação e a expansão agrícola levam à perda e fragmentação dos habitats das formigas.
- **Impacto**: A redução da disponibilidade de habitat pode limitar os recursos e os locais de nidificação, afectando as populações de formigas e as suas funções ecológicas.

2.2. Alterações climáticas

- **Descrição**: As alterações climáticas alteram a temperatura, a humidade e os padrões meteorológicos, o que pode afetar o comportamento, a distribuição e a sobrevivência das formigas.
- **Impacto**: As alterações climáticas podem perturbar os padrões de procura de alimentos, os comportamentos de nidificação e as interações entre espécies.

2.3. Espécies invasoras

- **Descrição**: Espécies de formigas invasoras, como a **Linepithema humile** (formigas argentinas), superam as formigas nativas e perturbam os ecossistemas locais.
- **Impacto**: As formigas invasoras podem levar ao declínio das espécies nativas de formigas e alterar a dinâmica ecológica, afectando a biodiversidade e os serviços ecossistémicos.

3. Estratégias de conservação

3.1. Proteção e recuperação de habitats

- **Descrição**: A proteção e recuperação de habitats de formigas é essencial para manter a biodiversidade e as funções dos ecossistemas.
- **Acções**:
    - **Áreas protegidas**: Estabelecer e gerir áreas protegidas para salvaguardar os habitats naturais do desenvolvimento e da exploração.
    - **Restauração de habitats**: Reabilitar habitats degradados e reintroduzir espécies de plantas nativas para apoiar as populações de formigas.

3.2. Acompanhamento e investigação

- **Descrição**: A monitorização e a investigação em curso ajudam a seguir as populações de formigas, a avaliar as ameaças e a informar os esforços de conservação.

- **Acções**:
  - **Estudos de populações**: Realização de inquéritos para monitorizar a distribuição das espécies de formigas, as tendências populacionais e as condições do habitat.
  - **Iniciativas de investigação**: Apoiar a investigação sobre a ecologia, o comportamento e as respostas das formigas às alterações ambientais para orientar as estratégias de conservação.

3.3. Gestão das espécies invasoras

- **Descrição**: Gestão e controlo de espécies de formigas invasoras para proteger a biodiversidade nativa e as funções do ecossistema.
- **Acções**:
  - **Deteção precoce**: Implementação de programas de monitorização para detetar precocemente espécies de formigas invasoras e impedir a sua propagação.
  - **Medidas de controlo**: Utilização de técnicas de gestão integrada de pragas para controlar as formigas invasoras e atenuar o seu impacto nas espécies nativas.

3.4. Sensibilização e educação do público

- **Descrição**: Sensibilizar o público para a importância das formigas e promover esforços de conservação.
- **Acções**:
  - **Programas educativos**: Desenvolvimento de materiais e programas educativos para informar o público sobre a conservação das formigas e o seu papel ecológico.
  - **Envolvimento da comunidade**: Envolver as comunidades locais em actividades de conservação e projectos de recuperação de habitats.

4. Estudos de casos e exemplos

4.1. Esforços de conservação bem-sucedidos

- **Exemplo**: A conservação da **Formica montana**, uma espécie de formiga ameaçada na Europa, envolve a proteção do habitat e práticas de gestão para apoiar as suas populações.
- **Exemplo**: Os projectos de recuperação de florestas tropicais ajudaram a recuperar populações de formigas especializadas, melhorando a qualidade do habitat e reduzindo a desflorestação.

4.2. Desafios actuais

- **Desafio**: Equilibrar os esforços de conservação com o desenvolvimento económico e as alterações na utilização dos solos pode ser difícil, exigindo abordagens de colaboração e o envolvimento das partes interessadas.

- **Desafio**: A abordagem dos impactos das alterações climáticas nas espécies de formigas exige estratégias de gestão adaptativa e monitorização a longo prazo.

Conclusão

A conservação das espécies de formigas é essencial para manter o equilíbrio ecológico e apoiar a biodiversidade. As estratégias de conservação eficazes incluem a proteção e recuperação de habitats, a monitorização e investigação, a gestão de espécies invasoras e iniciativas de sensibilização do público. A abordagem dos desafios actuais e a implementação de acções de conservação específicas podem ajudar a salvaguardar as espécies de formigas e o seu papel crucial nos ecossistemas.

Referências

1. Andrew W. Phillips e Walter R. Tschinkel **(2021). "Ants: Their Biology, Ecology, and Evolution"** Princeton University Press.

2. Bert Hölldobler e Edward O. Wilson (1990). **"The Ants"** Belknap Press of Harvard University Press.

3. A. A. Andersen (Editor) (2000). **"Ants: Standard Methods for Measuring and Monitoring Biodiversity"** Smithsonian Institution Scholarly Press.

4. Lachlan J. Smith e William J. Bond (Editores) (2021). **"Ant Ecology"** Oxford University Press.

5. Gary A. Dunn e James C. Trager (2019). **"Formigas da América do Norte: Um Guia para os Géneros"** University of California Press.

6. J. L. Harte e S. G. J. Holt (Editores) (2022). **"The Biology of Social Insects"** Oxford University Press.

7. John C. Trager (2021) **"Ants of the World: A Study of Their Evolution and Behavior** "Cambridge University Press.

8. Stephen J. Martin (2018) **"The Social Behavior of Ants" (O comportamento social das formigas)** Springer.

9. Bert Hölldobler e Edward O. Wilson (2009) **"Ants: Their Structure, Development, and Behavior",** Harvard University Press.

10. James E. Trager (2015) **"The Behavior of Ants" (O comportamento das formigas)** Cambridge University Press.

MIX
Papier aus verantwortungsvollen Quellen
Paper from responsible sources
FSC® C105338

Printed by Books on Demand GmbH, Norderstedt / Germany